读客文化

幸福
来自绝对的信任

在恋爱中修行，就是永远不对伴侣
有一丝一毫的怀疑。

一行禅师 著

向兆明 译

河南文艺出版社

·郑州·

轻如天际浮云，柔若水中芳草，

却也盈空情天怨海。

——阮攸《金云翘传》

目 录

第一部分

在恋爱中修行

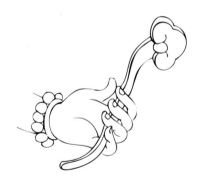

第一章

真爱包容一切

越南顺化西天寺厅堂内有两块木牌，上面有僧侣题刻的一副对联：

离世相涅槃舍利

佛陀心即是大爱

这副对联说的是佛陀是一位有爱之人。他所教导的此等爱，宽广无边、包容一切。因为这种大爱，佛陀能够包容整个世界。

悉达多成佛以后，并未弃绝人的本性，即给予和获得爱的需要。佛陀，如世间众生，心中存有情欲的种子。他二十九岁离家求道，三十五岁那年证得觉悟。三十五岁正是风华正茂的年纪。我们大多数人在这个年纪肉体欲望仍然十分强烈。然而，佛陀持有足够的爱，足够的心智、责任感和觉醒力来调伏自己性欲的能量。佛陀能做到，我们也可以。

这并不意味着我们感觉不到情欲，它仍然存在，但不被这种情感伏制。相反，我们的行为基于更广大的爱。某种程度上，爱扎根于情欲。每个人的情欲都可以转变为爱。正念的修习不是扫除和终结情欲。人无情欲，焉能成人？修行的目的是为了调御欲望，笑对欲望，并从中解脱出来。

众生内心悉有情欲的种子。时而，当它出现时，我们运用正念与般若智慧笑对欲望。如此，我们就不会沉沦其中，也不会受它的束缚。

只要这样去爱，不去罗织约束自己与他人的尘网，爱就能够带给我们快乐与平和。我们知道自己爱的方式是否正确，因为只有正确的爱，才不会制造更多的痛苦。

佛陀在《爱欲网经》这部经典中就陈述了这一真义。在这部经论中，"爱"这个字拥有某种消极涵义。为情欲所捕，恰如鱼儿游入陷阱无法逃脱。经论中，"罗网"这一意象被用来描述人被情欲缚捕并纠缠不可挣脱而失去自由的状态。

《爱欲网经》用两个单词共同指示爱的意涵：第一个单词"爱"指的不仅仅是两人之间的情爱，也是对众生的博爱。这个词的含义不是执着，它的含义是真爱；第二个单词"欲"指的是贪爱、利欲心或欲望。当这两个单词独立出现时，翻译它们并不困难：一面是爱，另一面是欲望。然而，如果把这两个单词合成一个词组，它描述是一种包含欲望的爱。

当初，佛陀讲解《爱欲网经》的对象是僧侣，但它对每一个人都有实际意义。人们经常会这样问，做一个独身的僧尼是不是很困难？然而，在很多方面，僧尼修习正念要比在家居士容易许多。相较于维持一段健康的性关系，一概地避免性活动反而容易得多。作为修道的僧尼，我们时间都用于修行和与大自然相处。不看电视，不读言情小说，看不到电影和杂志中催生情欲的各种图像。然而，在家居士却时时浸淫在这些滋养性渴望的图片和音乐中。身处这种种环境刺激却仍能相互理解，相互爱，保持健康的性关系，这需要勤勉的修习。

　　爱是我们动力的源泉。爱可以是最大的喜悦，但如果爱与贪求、执着相互混淆，它也可能变成我们最深重的痛苦。理解我们痛苦的根源，培养对自己和爱人的深入理解，我们才能享受发自于真爱的放松、喜悦与平和。

第二章

因为信任，所以亲昵

猿猴从一棵树跳跃到另一棵树上，世间凡众也如猿猴一样，跳出此爱欲的牢笼却又跳入彼爱欲的牢笼。

——《爱欲网经》偈九

猿猴的意象映射的或许正是我们自己。爱人的一些行为不合我意，我们就另寻新欢。然后当新的伴侣不可避免地也这样做时，我们又跳入另一段感情。

我们都渴望爱与理解，却时常将欲望与爱混为一谈。爱和欲望不同。两者相互混杂时，我们需要深入观察并努力把它们区分开来。亲密关系有三种形式：肉体亲昵，情感亲昵和精神亲昵。肉体与情感的亲昵不可分离，我们总是在性欲状态下感受到某些情感上的亲昵，尽管我们自称并非如此。然而，只有互守精神上的亲昵，肉体与情感的亲昵才能健康、完整、令人愉悦。

情感的亲昵

每一个人都在追寻情感亲昵。我们渴望和谐，希望拥有真正的交流与相互的理解。尽管肉体欲望不是爱，然而身心不是独立的两个实体，没有情感亲昵，就不可能会有肉体上的亲昵。身体影响我们的心灵，反之亦然。心灵依托身体而存在，而身体也要依赖心灵来活动并发挥机能。尊重你的身体与尊重你的心灵不应该有所区别，因为你的身体就是你。你爱人的身体也是她的心灵。你无法只尊重其中的一部分。

我认识一位音乐家，多年以来他每个周末都出去聚会，听歌、喝酒、跳舞。夜幕初启时分，这些聚会充满着喜悦的气氛，人们笑容满面，相互交谈，坦述心襟。然而临近午夜时分，人们相互靠近。他们开始只专注于如何找个人回家过夜。音乐、酒精和食物，萌动着他们性欲的种子。第二天清晨，他们中的很多人会在一个陌生人的身旁醒来。他们相互道别，然后各奔东西，完全忘了前一晚两人身心的私密交流。等到下一个周末，他参加另一场聚会并再次经历同样的循环。然而，无论参加多少次聚会，与多少人共度长夜，也无法寻得他孜孜以求的情感幸福，抑或填补内心的空虚。

肉体的亲昵

任何生灵都希望生命延续到未来。人类如此，其他任何动物也不例外。性与繁殖是生命的一部分。性可以带来极大的喜悦，丰富两人的亲密关系。我们不应抗拒性欲，但也不该将它与爱相互混淆。真正的爱并不一定要有性。我们可以拥有完美的无性之爱，也可以保持无爱的性关系。

精神觉醒不一定由禁欲而来。有些人独身却缺乏足够的正念、正定与般若智慧。爱人如果持有正念、正定与般若智慧，他们的关系就拥有一种神圣的元素。情感与精神层面在实现融合、理解与分享之前，性的亲昵不应当发生。

人类的肉体是美好的。树木、花朵、雪花、河流与垂柳也是美好的。我们被美包围，包括生活在这个地球上的人类和动物。然而，我们必须学习如何善待美，从而不去破坏它们。

我们社会的组织方式似乎把感官愉悦放在最重要的位置。生产商与制造商希望销售他们的产品。于是给它们做广告，滋养你心中贪爱的种子。他们希望你被自己追求感官愉悦的欲望俘虏。

我们孤独，自我筑起隔离；我们痛苦，心灵需要疗愈，这正是回归自我的时候。我们或许需要亲近他人。但如果，现在，你和一个初识发生肉体亲密关系，这种关系并不能疗愈或温暖我们。这只是一种逃避手段而已。当陷于情欲的牢笼中时，我们就会一直担心对方会离弃或背叛我们。

孤独不会因为性活动而得到排遣。性爱不能治愈我们。我们必须学习安然独处，建造自己内心精神的皈依。一旦拥有一条精神道路，你便有了依靠。一旦有能力调节自我情绪，处理日常生活中的挫折，你就可以把这施予他人。对方也必须这样做。两人必须懂得自我疗愈，才能安然自处。如此，他们互相成为对方的依靠。否则，所有肉体的亲昵不过是互享各自的孤独和痛苦而已。

精神的亲昵

灵性不是对某个特定精神教说的信仰。每个人在生活中都需要一个精神的维度。没有这个维度，我们就无法应对日常生活中所遭受的种种挫折。无论你是否是一名宗教修行者，正念都可以是精神道路上的一个重要方面。

精神修习帮助你调御强烈情绪。它帮助你倾听和拥抱自己的痛苦，帮助你辨识、拥抱你伴侣和所爱之人的痛苦。精神亲昵帮助建立情感亲昵，并让肉体亲昵更为圆满。三者融融不分。

第三章

贪爱是苦的根源

> 为执取所蒙蔽，终究我们将沉沦堕入爱欲
> 的苦海。焦虑日甚一日，充盈心中，正如池塘
> 因潺潺细流而盈满。
>
> ——《爱欲网经》偈三

如果持续滋养情欲，那么无可避免我们将达到性渴爱与欲求的境地。我们不应低估情欲的破坏力。它生起的刹那，就应当施以关注。

每个人都希望爱与被爱。这是天性使然。然而，爱、欲望、需要和恐惧这些概念却往往被捆绑在一起。太多的歌词这样写道："我爱你，我需要你。"这样的歌词等同了爱与贪爱的概念，而对方正好可以满足我们的需要。我们或许会觉得，没有对方，自己就活不下去，当我们说"亲爱的，没有你我就活不下去。我需要你"这种话时，我们以为自己说的是绵绵情语。甚至觉得这对另一半而言还是一种赞美。然而，那样的需要事实上是孩童时期起一直伴随我们的原始恐惧与欲望的延续。

婴孩时期，我们无法自立。虽然有手有脚，但无法行走去任何地方。我们能够自己做的事情屈指可数。孩子的降生，是从子宫内部十分温暖、湿润和舒适的环境落入这个冰冷坚硬，到处充满刺眼光线的世界。出生后的第一次呼吸，我们必须首先要把肺脏当中的液体排出。这是十分危险的一刻。

我们的原始欲望是生存。所以我们的原始恐惧是害怕自己无人照养。在懂得说话和理解语言之前，我们知道不断靠近的脚步声意味着有人会来哺育和照料我们。这让我们感到快乐，我们确实需要那个照养我们的人。

婴孩时期，我们能够辨别母亲或照料者身上的气味。听得出她的声音。慢慢地就开始爱上那种气味和嗓音。那是最初的、原始的爱，孕育于我们的需要，爱完全是天性使然。

长大之后开始寻找生活伴侣，这时我们很多人原始的生存欲望却依然还在。我们觉得没有他人的陪伴，自己就无法生存。我们或许是在寻找生活的伴侣，但心中的那个小孩却在寻找我们的父母和照料者最初给予我们的那种安全与舒适的感觉。

婴孩时期，母亲身上的气味是这个世界上最美好的气味，因为我们需要她。在亚洲，人们亲吻时用到更多的不是嘴巴而是鼻子。他们相互分辨并享受对方的气味。

我们在一段关系里或许会觉得安心，心想："现在好了，因为有人爱我，支持我。"但心里的婴孩却在说："现在我可以安心了，照养我的人就在身旁。"这种喜悦感并不仅仅源自真正的感激之情，感谢对方的陪伴。更确切地说，我们觉得快乐与平和，是因为跟那个人在一起让我们感到安全和放松。然而过些时候，当关系遭遇挫折，我们不再觉得安心时，快乐也会离我们远去。

恐惧和欲望连为一体。原始恐惧催生欲望，我们渴望找到一个可以让自己感到舒适和安全的人。婴孩会有这样的感受："我不能自立；无法照顾自己。我很脆弱。需要他人照顾，要不然就会死。"除非我们辨认、照顾并放下心中这些感受，否则它们还将继续支配我们的决定。如果成年后仍然缺乏保障和安全感，这是因为这些未被我们辨识和理解的原始恐惧还在我们身上延续。

贪爱生恐惧

> 欲望止熄，恐惧不再。如此，我们才能真的自由、平和与快乐。修行者止息过甚的欲望，以及任何的行蕴，他便走出地狱的深渊解脱了自我。
>
> ——《爱欲网经》偈三十

我们多数人都行走在恐惧的边缘：恐惧与亲爱人分离，恐惧孤独，恐惧无有。我们最大的恐惧是害怕自己死后将化为乌有。我们很多人都相信自己整个的存在仅仅是一世的生命跨度，从呱呱坠地的一刻始，至生命完结的一刻。我们相信，我们生于无有，最终也将归于无有。

我们内心充满了湮灭恐惧。然而湮灭只是一种观念。佛陀为我们开示"不生不灭、不来不去、不一不异、不常不断"这"八不中道"。潜心修习禅观，我们可以产生正念与正定的能量。此等能量引导我们通往不生不灭的智见，真正去除死亡的恐惧，理解自我不可坏灭的真相后，我们便从恐惧中解脱出来。此是大自在。无恐惧是终极喜悦。

心中有恐惧，你就不能拥有快乐。追逐欲望的目标，你就仍有恐惧。恐惧于贪爱如影随形。止息贪爱，恐惧自然也就消散不在。

有时候你感到恐惧，却并不明了其中的缘由。佛陀开示，恐惧乃是因为我们仍然执着于贪爱。如果停止追逐贪爱的对象，你将不再恐惧。没有恐惧，你就能够获得平和。身体与心灵都保持平和，不再受忧虑的困扰，灾祸也会减少。你是自由的。

我们能够施予他人最珍贵的馈赠之一，是成为一个不恐惧与不执着的人。这一真教法要比钱财与物质资源更加宝贵。恐惧扭曲我们的生活，令我们痛苦。我们依附于人与物，如同溺水之人紧紧抓住一根浮木。修习不执着并与他人分享这样的智慧，我们施予无畏这一馈赠。万物无常，刹那不住，聚散离合，快乐却可长留。

爱一个人，我们就当深入观察爱的本质。真爱之中没有痛苦与执着。它给自己和他人带来幸福。真爱源自内心。拥有真爱，心中自觉圆满无缺，不再需要身外之物。真爱如同太阳，光亮朗照，并把光亮照耀在每个人身上。

众生易受贪爱的驱使

爱欲犹如树木根深且固。爱欲之木即使被砍伐，枝叶却再度抽枝发芽。

——《爱欲网经》偈八

我亲爱的情欲，我已了解你的源头。一颗渴求的心意来自于欲求和妄见。

——《爱欲网经》偈三十一

《爱欲网经》偈三十一当中，佛陀以真名称呼我们的欲望：贪爱。尽管我们希望爱与疗愈，却依旧追逐感官贪爱。为什么会这样？贪爱在我们意识更深处打结。这些爱结驱使我们。有时候，我们无意那样动作、言语和行为，但内心深处的某种东西却驱使我们那样做。事后，我们感到非常羞愧。爱结肆意指使我们。它驱使我们违背自己的意志去做一些事，说一些话。待事已完毕，则悔之晚矣。我们不禁自问："我怎么可以说这样的话，做出这样的事情？"然而过去的错误不可挽回。贪爱的根本是我们的习气。深入观察它，我们就可以解开爱结。

转化贪爱的习气

爱欲之意是常流之水，习气与我慢也是如此。我们的思维与认识受爱欲的染污；我们掩埋真如实相因而蒙蔽了自我无所照见。

——《爱欲网经》偈十

习气以种子的形式存在我们每个人之内，有些种子沿袭自我们的祖先、祖父母和父母，有的是由此生经历的困难所创造。通常情况下，我们并未觉知到这些能量在体内的运作。我们想要忠守一段关系，但习气在我们的认识上着色，引导我们的行为，让我们的生活变得艰难。

修习正念，我们开始觉知这些沿袭而来的习气。我们或许会发现自己的父母和祖父母，他们在这些习气面前同样也是不堪一击。我们可以不带判断地觉知这些负面习气根源于我们的先辈。笑对我们的各种缺点，笑对自我的习气。

或许在过去，在意识到自己无意识间在做一些事，一些可能是承袭而来的行为模式时，我们会把这归咎于个体的孤立自我。修习觉知，我们开始明白自己的行为有更深的根源，并且可以转化这些习气。

修习正念，我们辨识到惯性的欲望。正念与正定帮助我们观察并发现知己行为的根源。我们的行为可能是昨天发生的一件事所引发，又或许根植于我们的祖先，源于三百年前的某种经历。

笑对外在激怒不动心，引导性能量投向善业，这时我们能够觉知自己的能力，珍视它，并继续下去。关键在于我们要对自己的行为有觉知。正念帮助我们理解行为的根源。

如果我们还不能转化习气，那么，即使跳出一段关系的牢笼，也不过是再次堕入了另一座牢笼。我们与伴侣或配偶相处过程中一旦遭受挫折和痛苦，就会想到分手和离婚，这是普遍的做法。离开对方，我们以为自己就将获得自由。认为对方造成我们的痛苦。但事实上，即使分手或离婚之初，我们可能会觉得更加自由，但往往不多久又会与新人纠缠不清。我们想忠实这段新的关系，但最终还是重蹈覆辙。我们都是习气的受害者。思维、言语和行为的方式并未因为新人换旧人而有所改变。我们的行为给旧人带来的痛苦，现在施加在新人身上，于是制造了另一座地狱。

　　但如果我们对自己的行为有觉知，就会知道这些行为是否有益，从而决心不再重复它们。如果我们对自身的习气有觉知，更加留心我们的思维、言语和行为，那么我们不仅可以转化自己，还可以转化种下这些种子的祖先们。我们能这样做，这意味着我们的祖先也有能力笑对愤怒。如果一个人保持冷静并笑对愤怒，整个世界就有更多的机会获得和平。

去除贪爱，先去除分别之心

傲慢与习气是同流之水。它通常与性的自我价值感紧密相关。如果有人被我们吸引，我们会觉得自己的傲慢获得了满足。我们感觉自己拥有某种价值、吸引力或优秀品质，所以对方才会依恋我们。我们希望与某人为伍，以此证明自己的才干或美貌。如果是孤身一人，这通常会被看作是自己无趣或不够美的证明，并因此感到痛苦。

我们总是在不断攀比。周围经常看到的形象以及自己对他人肤浅的认识，这些都巩固我们的想法。我们认为自己低人一等，要么高人一等，再不然就是琢磨如何争个不相上下。这三种我慢——低等、高等与平等——与我们的性能量有着密切的联系。

维持一个独立有我的观念是所有我慢的根源。我们看自己是一个独立个体，因而要与人比较并分出个高低贵贱。然而深入观察，我们发现没有一个"我"可用来比较。二元思维是我们执着与贪爱的基础。

我们有两只手并为它们取名，一只叫左手，另一只叫右手。你有见过这两只手相互争斗么？我是从未见过。每次左手受伤，我注意到我的右手自然会过来帮忙。所以身体内部必定是存在如同爱一般的东西。有时，我的双手相互帮助；有时，它们各自行动，但它们从不争斗。

我的右手鸣钟、写作、练字、倒茶，但它不会看低左手而侮慢地说道："诶，左手兄，你真是一无是处。所有的诗篇，都是我写的。所有德语、法语和英语的书法，也都是我写的。你一点用都没有。真是一无是处。"右手不曾遭受我慢情结的苦。左手也从未遭受自卑情结的苦。这多么美好！当我的左手出现问题时，右手就会马上赶来。它从来不会说："你一定要报偿我。我经常过来帮你，这是你欠我的。"

经书中阐述欲望之流如何与我慢流水一同流淌。我们希望证明自己是个人物，体现自我的价值，所以需要找个人来认同自己，这种我执把他人也拽入了痛苦的深渊。多么可悲。当能够洞见自己的伴侣，如果不再是与我们分离的个体，不再是高于我们，低于我们，甚至也不是与我们平等的人，如此便拥有无分别的智慧。我们把他人的快乐看做自己的快乐，他们的痛苦是我们的痛苦。

看着你自己的手。五根手指就像家里的五个兄弟姐妹。设想我们是一家五口。当我们记得一个家人遭受痛苦，所有人都会一同受苦时，便拥有了无分别的智慧。而当对方感到快乐时，我们也会觉得快乐。

极少有人可以用无常与无我的慧光观照爱与浪漫。成就无我的境界，我们得以在亲爱人之中看到自己，也可以在自我之中看见亲爱人。那时我们会变得健康、轻松与快乐。轻视或赞美亲爱人就是轻视或赞扬我们自己。无我智慧帮助化解情欲障碍。我们不否定爱，而是要在无我智慧的光照下看到真正的爱。

爱的真正含义是感知无分别。我们应当拥有包容、平等的心性，这样才能没有界限地去爱。包容、平等心，即是三种我慢——高、低、平等——的止息。我们不再分别，能够包容一切，不再受苦。没有分别之爱的地方，就是痛苦灭去的福地。

觉悟，放下

心念如流水自由流淌，爱欲若葛藤抽芽纠结。唯有真正的般若智慧能够清晰分辨此一真实，帮助我们斩断心念的根本。

——《爱欲网经》偈十一

觉悟之后不久，佛陀回到自己的故国。他看到国家的政治状况十分恶劣。父亲已经过世，很多高级政府官员贪污腐败。贪爱的化身魔罗现身说道："佛陀，你是这个世界上最优秀的政治家。如果你决定回来成为国王，你能挽救自己的国家，挽救整个世界。"佛陀回答道："魔罗，我的老友，环境的改变需要很多条件，而非只取决于国王是谁。七年前，我为了修习离开这个王国。自那时起，我已领悟到很多的真相，我能够帮助无数的人，这要比我成为国王所能帮助的人多得多。"

每个人心中驱使我们的欲望是魔。内心的魔念道："你真棒，你是最棒的。"不过魔在说这些话时，我们必须知道它们出自魔罗之口。"我知道你，你是我心中的魔。"每个人心中都住着很多魔。它们现身并对我们说话。一旦意识到这个负面的能量，我们可以说："我亲爱的魔，我知道你在那里。你不能驱使我。"

情欲生起时，你说："我亲爱的情欲，我知道你的根本。你是错误认识生发的欲望。但我现在心无贪求，所以你不能左右我。即便你在那里，也无法驱使我。我没有更多的希望，对你也不再有错误认识。你如何显现？"

现在，你就像那条已经知道饵里藏钩的鱼。你知道诱饵不是滋养来源，所以不再被它捕获。你头脑清澈。你已觉醒，不再受种种诱惑的驱使。

放下我慢，深入观察我们的习气，这时贪爱也消散了。我们灭除指使我们的能量，解开驱使我们的心结。我们从地狱中解脱出来。看得越深，理解就越透彻。解开所有的心结，然后便自由了。

第四章

成为自我的皈依

我们每一个人内心深处都有这样一种欲望，希望认识和理解这个世界并被人认识和理解。这是一种心灵深处的自然渴求。然而，这样一种渴求，却往往促使我们等待身外之物。

通常，我们还没时间了解我们自己，就已经找到了爱的对象。又或者，我们不断等待外在事物来满足我们。如今生活在工业化国家的人们，很多人不是一直在打电话，就是在查看邮箱，这是其中一个原因。

所有人有时都会感到孤独和空虚。这些感觉袭来时，我们通过消费食物或酒精，或参与性活动来填补空虚感。然而，纵使我们享受其中，空虚感不仅没有消退，反而愈发深切。只有真正了解了自己以及我们的亲爱人，我们才能够转化这样的孤独感。

　　两个人即使在一起有了孩子，仍然是分离的。我们每个人都是一座孤岛。这种分离感不是两人同居，抑或保持性的关系，甚或拥有共同的后代就能够排遣的。只有修习正念，真正回归自我并相互守护，我们才能够驱散相互间的分离感。

接纳自己的情绪

自囚于爱欲的罗网，恰如蚕儿作茧自缚。

智者斩断并舍弃引发欲望的认识。无分别观照

爱欲的所缘，所有痛苦不再近前。

——《爱欲网经》偈十七

经书中利用蚕的形象譬喻世人。蚕缠丝绕茧裹缚自己，待结茧完毕，它就在里面休眠。蚕筑造自己的茧。我们选择注意的对象也为自己筑造了一个茧。注意有不同类型。有一种注意对我们是有益的，比如注意我们的呼吸或钟声。这种注意称作如理作意。注意对象决定我们内心的平和与否。比如说，我们专注于钟声时，心神自然平静下来且安然不动。

感受有苦受和乐受之分。眼观一相或是耳闻一声时，我们对它辨识并生起感受和认识。我们的感受引发认识。认识跟随并从属于感受。我们以为事物有丑陋和美好，喜人与厌人之分。喜悦感觉是乐受，忧苦感觉为苦受。

我们的感受通常都是错误的。我们接触对象并以为它是爱乐我净的化身。以为爱是柔情蜜语填补我们内心的空虚。我们把自己的痛苦归咎于他人或其他群体，又或者是时运不济，然而外在因缘并不是痛苦显现的原因。痛苦早已在我们心中。

一个人的降生不是生命的开始而是延续。我们出生时，所有各色种子——善的种子，残忍的种子，觉醒的种子——就已潜藏心中。然而，究竟是善的显现还是残忍的显现却赖于我们的行为与生活方式滋养了什么种子。心中真实的伤痛感受，强烈情绪和烦恼认识，让我们骚动或是恐惧。但在正念能量的庇护下，我们可以与这些不良情绪共处而不是逃跑。如同父母拥抱孩子一般拥抱它们，对它们说："亲爱的，我就在你身边；我回来了。我会好好地照顾你。"按照这样的方式，我们照顾自己的情绪、感受与认识。

接纳自己的身体

众生散乱，心念放逸，妄计爱欲所缘为净，殊不知此种执着的迅猛生长将去除我们所有的自由，生发莫大的痛苦。

——《爱欲网经》偈十八

正念之人能够照见爱欲所缘不净的本性。如此，他们得以舍弃欲望，逃离束缚并斩断老死的忧患。

——《爱欲网经》偈十九

作为一种文化现象，我们在外在形象上投入大量资源。对形体美的执着，是我们需要舍弃的东西，然而似乎大多数人对此却追逐不息。在全世界各大都市，你都可以明显地看到这种现象。化妆品商店如雨后春笋一般不断出现，各种各样的产品承诺可以让我们变得美丽而时尚。人们跑去看医生，要求改变他们的身体或面部。依赖手术刀和化学药品来切割调整自己的身体部位，以为这会让他们变得更有吸引力。

> 眼识色相便受之迷惑，乃是无明世事无常所致。愚蒙之人妄计色相圆满而美好。殊不知，外相都虚妄无实，流转不息。
>
> ——《爱欲网经》偈十六

每一个人都希望他们的外貌更加迷人，然而外貌即无法持久，也非真实。纵然如此，我们仍受自己镜像和他人外表的迷惑。我们能够确信的一件事是外貌和肉身终将改变，因而执着于此毫无用处。数以百计的杂志和网站都告诉我们，为了成功，我们的外貌必须是这样或是那样，必须使用这样或那样的产品。因为无法接纳自己的身体，无数人为此遭受了极大的痛苦。他们希望改变自己的外貌，因为只有这样才能被人接纳。

接纳自己的身体对平和与自由至为重要。每一个生命的降生，都是人性田园里的一朵花。世上每一朵花都各不相同。不能接纳你的身体，你的思想，你就无法成为自我的归属。很多年轻人都拒绝接受他们本来的样子，却妄想成为他人的依靠。然而一个飘零无着没有归属之人，如何又能够庇护他人？

我曾经写过这样一句书法："做美丽的自己。"这是非常重要的修习。心中建造自己的皈依时，你会变得越来越美。你内在的平和、温暖与喜悦，熠熠闪耀，光芒世间。

> 心意触摸到愉悦之际，五欲生起。真正的
> 勇士能迅速断除这些欲望。
>
> ——《爱欲网经》偈二十九

我们总是被可喜、可爱和迷人的东西俘虏。然而，迷人外表是虚妄。我们受它们引诱，而一旦为之所捕，接下来就要受苦。

　　佛陀曾讲过饮鸩止渴的故事。一个口渴难耐的人看到一杯清水，他以为喝下这杯水自己就会获得满足。不过，凑近一瞧，他看到上面的标签说这是一杯毒药。喝了它，人就会死去。然而这水看上去是那样清澈、新鲜和芳香。智者会对自己说："我最好别喝。我会找到其他水源的。"但对我们很多人来说，外表是如此诱人，我们会说："我要喝了它。如果死了，至少也死个痛快。"

　　我们拥有智慧，我们拥有理解。我们知道喝下那杯水自己将会死去。但最终还是喝了。很多人都是这样，随时准备为徒有迷人外表的事物去死。然而有很多水源可以满足我们的渴欲，而又不让我们陷于危险的境地。

佛陀还曾说过水塘游鱼的例子。水塘里一条鱼看到一片诱人的鱼饵，正准备咬的当头，另一条鱼对它说："不要，不要这么做，那饵里面有鱼钩。之所以知道，是因为我以前遇到过这样的事情。"但是这条鱼还很年轻，涉世未深，还很容易冲动。它说："不行！鱼饵实在太诱人了，我想吃。我会像你上次一样活下来的。"欲望是如此强烈，我们甚至愿意为此冒险。很多年轻人说："我想活得爽快。无论什么后果我都会自己承担。"然而，食饵一时爽，痛苦即时生。

消弭爱欲的痛苦

> 爱欲以痛苦折磨世人，系缚我们于尘世间。忧虑与不幸日夜生长，漫延无际犹蔓草随地而生。
>
> ——《爱欲网经》偈二

这段偈中提到的蔓草是指的是那种可作茅草屋顶的野草。巴利文称它为"dirana"。蔓草缠根盘结，但新芽看上去却非常甜嫩，所以人们只想采上面的新芽。但在地面之下，这种草却生长得异常迅猛，根根相错紧密相连。浇养这种草却只摘除上面的新芽，蔓草根部盘结相错的生长并不会停止。只有拔草除根，这种野草才会停止生长。

我们大多数人都尝过性欲渴求的痛苦滋味。自觉陷于人际关系和工作无法自拔，却以为满足感官欲望就可以解放自己。正是这种欲望在制造我们的忧虑和不幸。凡为爱欲所制者，忧虑与不幸便时时紧随。即使金钱与权力也无法保护我们。

　　大多数人都尝试逃离自我的痛苦。我们努力掩盖痛苦，通过消费来填补内心的空虚。我们消费食物、音乐或性。有时候，我们开车和打电话是为了忘记自己的痛苦。市场提供很多自我逃避的手段。但逃避不起作用。

　　承认这些手段的无用并深入倾听内心的痛苦，这需要勇气。我们可以运用呼吸与行走产生的正念能量为自己获取力量和勇气，回归自我，辨识内心的痛苦，然后温柔地包容它。深入倾听自己的痛苦，甚至可以对它说："我的痛苦，我知道你在这儿。我回家了，我会好好照顾你。"

有些时候，我们痛苦却并不知道原因。不懂痛苦的本质。那种痛苦或许代代相传，承袭自我们的父母和祖先。他们或许没有能力转化自己的痛苦，如今这种痛苦又转移到我们身上。首先，我们只是承认它的存在。不去倾听痛苦，我们就无从了解它，不能对自己慈悲。悲悯是疗愈我们的良药。只有对自己慈悲，我们才能真正倾听他人。

所以，我们运用正念能量包容自己的痛苦、悲伤与孤独。这一修习孕育的理解与般若智慧将帮助我们转化内心的痛苦。我们感觉更加轻松，内心开始感受温暖与平和。这对我们有益，对他人也是一样。然后，当对方加入你共同建造这个皈依，你就有了一个伙伴。你帮助他，他也在帮助你。

四项妄见

> 智伟者走完觉悟的道路，解脱了所有的执
> 与苦，消解了所有的分别心，超越了所有的二
> 元思维。
>
> ——《爱欲网经》偈二十二

解脱的道路向你敞开，你为何要拿绳索把自己和他人捆绑起来？佛陀教法的真义是"此有故彼有"，彼此相依，无法于彼取此。一根浮木搁置河流一边，它就停下了。无法继续向前到达海洋。落于两边，无论是河流的哪一边，都是前行的障碍。行于中路，不执着于任何一边，是为中道。

佛陀教导四种错误知见（颠倒）。颠倒，指的是上下倒置或翻转。我们所有的苦皆是四种违背实相的妄见

所生。第一种妄见是常颠倒，世无常而人以为常。第二种妄见是乐颠倒，有时苦而人以为乐。比如说，我们以为毒品和酒精让人快乐，或在一段风流韵事之初，我们以为这会带来持久的快乐，而实际上这会让我们和亲爱人受苦。

第三种妄见是我颠倒。众生没有一个独立自我的存在，正如一朵花没有一个独立的存在。云朵在花朵当中。父亲在孩子当中。看到这一真实就是看见无我。完全理解无我真相后，我们便不再执着。执于二元思维，落于此和彼的概念中时，我们眼中的父子就成了两个不同的实体，肉体与意识，生与死成了两个独立的存在。

佛陀有云："不生不灭，不一不异，不来不去。"生死，来去，这些概念只存在于我们的头脑。科学家能够看到这一真相，哪怕只是在理智层面。法国化学家安托万·拉瓦锡曾经说过："任何事物都没有消失，任何事物也没有被创造。"万物都在转化。

观察一朵花或一朵云，我们就能看到不生不灭、不来不去这一真相。生死只是事物的外在显现。深入观察，我们看到无物生，也无物死。完全接纳这一事实，我们便不再恐惧万物的变迁。基督教神秘主义者触及这一真相，"安息于上帝"，这是他们对此的表述。在佛教体系中，我们称这为"涅槃"。如果想要达到涅槃的境界，我们必须舍弃生死、来去、主客、内外的二元思维。二元思维见是我们修行的最大障碍。有人说上帝是造物主，他创造了这个世界。造物主与造物被看作两种独立的存在，这就是二元思维。

　　最后一种妄见是净（shuddhi）颠倒。我们喜欢把事物分离开来，所以看不到堆肥有益于花园的肥沃，泥土促进了莲花的生长，或是污垢、汗水与鲜血共同铸就了钻石的闪耀。不净的而人以为净。我们与人私通或恋爱时经常这样以为。对方让人心动，所以我们认为他们拥有某种我们所希望的纯净。然而众生皆是净与不净，污垢和花朵的和合。

深入谛观并舍弃常乐我净四种颠倒，我们便达到般若智慧的境界。有了这样的智慧，我们就不会理想化情欲的对象，而是能辨识他（她）的真实本质。我们看到他（她）的本质是无常、无我和不净——正如我们一样。

善驭自我

　　心意放纵淫佚的行为上，欲爱之木便破土而出，迅疾吐芽。爱欲所缘在身体内部遍布生长愈加炽烈繁盛，心意因此散乱。那些追逐爱欲的尘世之人，恰如为了贪求各种果实在林中不断跳跃的猿猴。

——《爱欲网经》偈一

　　绑缚自我于爱欲的罗网之中，抑或躲藏于它的遮盖之下，自我便堕入了执着的地狱轮回不可自拔，恰如鱼儿游弋进入自己的陷阱。

——《爱欲网经》偈二十

　　我们大多数人都生活在繁忙与重负的环境中。参加无数场活动，见无数的人，很快我们就远离了正念修习。我们有女友、男友、伴侣或配偶，却依然情欲不满。它驱使我们抛下身边人去追逐新的对象。猿猴搜寻果实，在树枝间不断跳跃。吃完第一个，它还要贪求下一个。挣脱妄想与贪爱，我们才能挣脱欲望的束缚。

约束我们的不是他人，而是我们自己。如果感觉陷入困境，这是自己行为的结果。没人强迫我们自我绑缚。拿起贪爱网捆绑自己。举起贪爱盖罩住自己。变成鱼儿游向陷阱入口。越南有一种老式的竹制陷阱，两个开口。这种陷阱，鱼儿游进去容易，游出来很难。

菩提树下觉悟那一刹，佛陀说道："奇哉，一切众生皆具觉醒、理解、爱与自由德相，却不自知不能证得，任自惑乱沉沦无边苦海。"佛陀看到我们日夜追寻的其实已在心中。我们可以叫它佛性或觉性，真正的自由，所有平和与快乐的基础。觉悟能力不是他人的施予。因为它就在我们心中。

我们每个人都是自我生命疆域以及五蕴（色、受、想、行、识）的主宰。五蕴是组成我们生命的五种元素，修行就是为了深察这五种元素并发现自我生命的本质——我们痛苦、快乐、平和与无惧的如实本质。

然而我们大多数人已逃离自己的疆域，任由冲突与混乱生起。我们已经完全没有勇气回到自己的疆域，去直面挫折与痛苦。无论何时，只要有十五分钟，一个或两个小时的"自由"时间，我们就会习惯性去玩电脑，打手机，听音乐或者是聊天来忘记和逃离现实。我们会这样想："我现在太痛苦。又有太多的问题等着解决。我不愿回去面对它们。"

为了收回疆域主权并转化这五种元素，我们需要培养正念能量。这种能量将给予我们力量回归自我。这种能量真实而具体。

修习觉知地行走，我们安稳平和的步伐培养正念能量，让我们回到当下。安坐并随顺呼吸，觉知呼吸出入，培养正念能量。正念就餐时，全身心专注当下，觉知我们的食物以及跟我们一起吃饭的人。无论在做什么——工作、打扫甚至是与爱人有亲密接触之际——我们都可以培养正念能量。这样修习几天，正念能量就会增长并帮助和护佑我们，给予我们勇气回归自我，直面并包容自我疆域内的一切。

解脱与救赎只能自己获取，他人无法施予。你不能等待别人来帮你。你是你自己的岛屿。返回你的吸气和呼气。感触内心的平和，这样你就能看得更深。你将看到困境的根源并解开束缚你的心结。即使心中仍然充满情欲，你也有能力解开所有这些镣铐。

第五章

成为波此的皈依

通晓佛陀的教义，我们照见并理解事物的
真如实相而不为所捕。

——《爱欲网经》偈二十四

理解自己的痛苦，你就更能感同他人的苦受。理解
是一份馈赠。受纳这一馈赠的人，或许因此感到自己有
生以来第一次被人理解。理解是爱的别名，如果不能理
解，你也就失去了爱的能力。不能理解你的儿子，你就
无法爱他。不能理解你的母亲，你就无法爱她。施予理
解意味着施予爱。缺失理解的爱，爱之愈深，对自己和

他人的伤害愈甚。

赛珍珠的小说《东风·西风》①中，一位年轻男子离开中国赴美学医。他的未婚妻留在了国内。她在中国接受传统教育，包括裹足以及侍悦丈夫的为妻之道。完成学业后，年轻人回国与她成婚，然而此时在西方国家的岁月已经改变了他。他希望妻子能够表达她自己的想法，而不是畏惧或屈就于他。但这对妻子来说太困难了。这与她习得的为妻之道背道而驰。就这样，夫妻俩一起生活了几个月，相互之间越来越疏远，根本产生不出任何真正意义上的情感或精神上的亲昵。由于彼此的隔阂实在太大，丈夫甚至拒绝与妻子有肌肤之亲。幸好最终他们还是理解并爱上了对方，寻得了为人夫妻的快乐。

有时候，在孩子安睡之际，你可以坐在她身旁安静地看着她。睡觉的时候，孩子会显露出她的温柔、痛苦

---

①译者注：《东风·西风》，美国著名小说家、诺贝尔文学奖得主赛珍珠的代表作之一。作者从美国文化的视角，扫视本世纪早期在新旧思想转变时的一个中国家庭里所引起的中美文化撞击。

与希望。你只是静静地凝望着，观察自己的情感。理解与慈悲从心间生起，然后你将懂得如何照顾孩子并让她感到快乐。爱人也是这样。入眠后，你应当抓住这个机会看着他。深入观察，然后你会看见显露出的温柔，安眠中表现出的痛苦、希望和绝望。坐上十五分钟或半个小时，仅仅只是凝视。理解与悲悯将会生起，你将懂得如何守护你的爱人。

父母把我们带到这个世界。如果我们的父母理解并深爱对方，我们就有机会了解什么是真正的爱。如果我们的父母不是这样，我们也就失去了这样的一次机会。相知相爱的父母是爱的教育的启蒙老师。他们不讲课，不开班。他们相互守护的言行举止就是爱的最好课程。

父母赠给孩子最为宝贵的遗产，是他们自己的快乐。父母的快乐是他们能够给予儿女们最有价值的馈赠。这些学习，让你的孩子毕生受用。你或许没有能力留给他们金钱、房屋或者是土地，但你可以帮助他们成为一个快乐的人。如果拥有了一对快乐的父母，那么我们已经受纳了世间最昂贵的遗产。

一对夫妇在一起生活之后，总以为自己已经彻底了解对方，里里外外，清清楚楚。他们相信两人之间已经无所隐瞒。认为自己完全了解对方的肉体与精神。但事实上，一个人就是一座宇宙，广袤深邃不可究竟。我们见到的往往只是外壳；真相需要艰苦的追寻。

修习深入观察自我，我们才能理解他人。然后我们看着对方，开始理解他们的痛苦，因为我们已经看到并转化了自己的痛苦。一旦理解爱人的痛苦，我们就能帮助他（她）。不再斥责或埋怨对方，因为我们心中有了理解。我们以一颗慈悲之心看人。对方也将对你倾诉自己。即使什么都不做，什么也不说，我们观察的方式已经开启了疗愈的过程。

一对夫妻不修习正念，不尝试去理解自己和对方的痛苦，这段关系便不能持久。有些夫妻即使不幸福，却依然长期在一起生活。或许是为了孩子，或者是不想生活变得更加复杂，所以选择苟且地相处。痛苦地生活在一起，这样的夫妻比比皆是。另外一些夫妻因为无法忍受这种现状，于是选择分手或离婚。

只有理解和爱，才能疗愈孤独。有时我们以为找个性伙伴，自己就不会觉得那么孤独。但事实是男女之欢并不能缓解孤独感；它只会让人更加孤独。理解与爱应该伴随着性。没有理解和爱，性就是空洞的。

倾听伴侣的声音

用心倾听是真正守护对方的前提。爱人心中有我们未曾了解的痛苦。最好的朋友是能理解我们痛苦的人。我们希望成为这样的知心人。为了理解他人，我们必须用心倾听。

我们可以问伴侣："亲爱的，如果你想跟我说说你的童年，我会愿意倾听。你小时候喜欢吃什么？做什么游戏？曾经有过什么挫折？"如果真的感兴趣，我们就会想知道和理解这些事情。有了这样的好奇心加上真心守护对方的愿望，她就会向我们倾诉自己的童年。仅此而已，认认真真地倾听她的讲述——或许那时她很快乐，或许遭受折磨，而痛苦记忆在多年以后仍然残留心中，不为外人所知——这样，我们就成了她最好的朋友。

"让我们相互倾听"，"让我们彼此守护"，我们需要倾诉生活的一点一滴。否则，两个肉体的结合天长日久也会变得寡然无味。即便陪伴在爱人身边，我们仍然会感觉孤独。所以会移情别恋。不断寻找新的生活。但不要以为你看到了一个人眼底深处的一切。如果你觉得自己已经彻底了解你的爱人，这种错觉正是你无聊或不安分的原因。你的认识是错误的。你真的了解你自己吗?

亚洲地区有这么一句名言:"同床异梦。"只要拥有爱与理解的能力，你就能为自己和他人带来快乐。我们问及爱人的童年经历时，他或许会说:"过去的已经过去，我不愿再提。"但如果他不能理解自己，他就没有能力去理解他人。

爱是理解，这说起来容易做起来难。我们首先理解自己的痛苦并发现我们贪爱的根源。这有利于我们改变而不再是责备和憎恨。有了理解，我们可以爱，并且最终去除内心的孤独。

多一些谅解，少一分怨怒

不要等到为时已晚才意识到什么对你最重要。感官欲望有时是如此强烈，我们总是到不可挽回之时，才意识到它已经造成的破坏。人谁无过？但你不能一而再、再而三地请求他人宽恕。比如说，你犯错之后不应该只是认错，简单说一句"对不起，我不该对你大喊大叫"，更要训练自己少发脾气。做出一个承诺，抽出时间反省自己行为的根源。

真诚的悔悟给自己和他人带来快乐。没有它，信任将荡然无存，彼此间的快乐也会减少。发誓改变自己，并尽己所能走向修习的正道。否则，对方将失去对你的信任，慢慢地，你也会失去对自己的信任，然后，你们关系渐行渐远，不再如往昔那般牢固。我们的行为方式应当有助于信任一天天巩固。你不必说任何话。只要自己真的重新开始，对方会看到你的努力。即使对方没有马上看到，你也不要争吵或是感到害怕。继续平稳修习，慢慢地，真相会显现出来，关系也会改善。

正思维的修习十分重要。正思维通过深入观察以获取更多的理解和悲悯。无论何时，凡是觉察到自己在数落伴侣，就应当返回你的呼吸，并问问自己："我如何改变自己看待问题的方式？我可以更深入地观察，从而更多地理解她的痛苦与困难吗？"

理解你的伴侣，你就更能接纳他并抱有更多的悲悯。对你来说，这样的慈悲本身就是一种解脱。不要再因为他的言语和行为而感到气恼。人们总是这样想："这不可接受，我一定要改正他的言行。"如果你感到这样的不快，当下就返回你的呼吸。返回你平和的状态并且更深入地观察事物的本质。你在任何情况下都可以这样做，接受和享受现实。善待可恨之人，但这并不意味着你必须爱他。但如果你停下来更加深入地观察，你将看到对方的困难。如果你能接受他，你就能够爱他。

每个人都有自己不善巧的一面。看到自己的处事方式对解决问题不起积极作用时，你就应当自我觉醒并停止不善巧的思维和行为。叱喝别人不是有益的行为方式。如果已经这么做了，你应当意识到这是你不善巧行为的一种。返回你的呼吸对自己说："我必须改正这样的行为。"然后，跟对方道歉并告诉自己要吸取过去的经验，下次不再重蹈覆辙。

要成为一名英雄，你需要真诚面对伴侣，承诺当下保持平和与克制。即使非常愤怒，也要努力克制自己，通过更深入地观察去理解你自己和他人。你必须在修习中运用自己的信念并在今天就努力改变自己。修在当下，勿待明日。

第六章

拥有真爱的三把钥匙

若想获得喜悦，我们必须决意舍弃执

着……无执引向真正的平和和喜悦。

——《爱欲网经》偈五

我们总以为快乐需要外部条件。只有拥有这样那样

的条件，才能获得快乐。然而，快乐源自我们看待事物

的方式。我们不开心，然而处于同样条件下的其他人却

是快乐的。此偈提醒我们学习莲叶的精神。水滴滑过莲

叶，却不被它吸附。我们希望自己也如同这莲叶一般，

感官欲望生起来去，我们也能保持一颗宁静平和的心。

快乐依赖于我们的智慧。我们遭受自以为是不幸的事件。但只要更深入地观察，就能发现这样的不幸对我们会产生有益的效果，促使我们以后保持更多的觉知，进而帮助我们避免将来可能出现的更大不幸。有的时候，我们体验所谓的好运。然而，还是谨慎小心为妙，因为福祸相依，好运到最后也可能会带来消极的后果。

　　在你不快乐的时候，深入分析这一情况这很重要。如果你说："在这个地方或者和这个人在一起，我就会不快乐。"或许，这并不是事情的真相。你不快乐，不是因为外在的环境，而是因为你自己。你可以在任何环境下都保持快乐的心态。这并不意味着你应当被动地接受现实。你洞彻事物的本质，同时看到事物的消极面和积极面，从这个意义上说，你接纳现实。

　　不要以为只有占有才能获得快乐。你应当勇猛向前，竭尽全力地去争取心中所求，同时持有一颗快乐的心。譬如，你在等待签证离开这个国家的时候，不要说："只要拿到签证，我就快乐了。"或许，当你到了那个国家，你仍然不觉得快乐。所以，你必须训练自己这样去思考问题："即使拿不到签证，那也没关系。我在这里也很开心。"有了这样的心态，如果拿到签证，你也有能力在另一个国家接纳同样的现实。

第一把钥匙：放下心中的牛

关于佛陀，有一段老公案。

一日，佛陀与众弟子刚结束正念午餐。突然，有一农夫匆匆走过。他正遭受着巨大的痛苦。农夫问："亲爱的兄弟们，你们有见过我的牛经过么？我有五头牛，但因为什么原因它们今天早上全都跑走了。我还有两英亩的芝麻，不过今年昆虫把它们都吃光了。什么都没留下。我真不想活了。"

佛陀悲悯地望着他答道："亲爱的朋友，我们坐在这儿已经超过一个小时，没有见过一头牛。或许你应该到另外一边去找找。"

农夫离开后，佛陀转身看着与他一同静坐修习的众比丘。微笑并说道："亲爱的朋友们，你们真是幸运，因为你们没有牛。"

这里的牛代表我们执取的事物。因此，我们修习就是学习如何放下心中的牛。坐下，觉知呼吸，专注于呼吸，然后辨识出你心中的牛。用真名呼唤它们，看自己是否有能力放下一部分执着。放下越多，你越是快乐。放下心中的牛是一门技艺，一种修行。你关于快乐的想法是一头牛，一种强烈的执取。要舍弃它们，你需要大智慧和大勇气。

你很想拥有某种东西。如果得不到，你会觉得自己就不可能获得快乐。痴迷这种想法无法自拔。但事实上，很多拥有它的人生活悲苦，而没有得到的人却可以非常快乐。你拥有一个如何才能获得快乐的观念。生活不开心或许正是这种观念所致。放下这样的想法，你就更容易获得快乐。快乐之门很多。把它们全都打开，它就有了很多途径来到你身边。但如果你只留一扇而关上其他所有大门，这或许是快乐不至的原因所在。或许快乐无法从你打开的这扇门进入。所以，不要关闭任何一扇门。把它们全部打开。不要固执地认为快乐只能通过一种方式获得。去除心中的快乐妄念，快乐就会到来，就在这个下午。

我们很多人都执着于自己有关快乐的想法。我们依附一些外物，以为它们对幸福而言至关重要。这样的执着可能已经让我们万分痛苦，却没有勇气放手；因为这样做会伤害我们的安全感。然而只要对外物的执着不除，痛苦就不会远离。它可以是人、物品或社会地位，任何一切。我们以为缺少这些外物，自己就会失去安全感，于是偏执其中不可自拔。

快乐首先依赖于我们追求快乐的深愿心，然后是一条可以遵循的精神道路。每天，在这条道路上做一点小事，你就会觉得快乐。不要想着做大事。做一些小事让你自己更快乐，也让你的朋友们更快乐。无论是做饭还是擦桌子，都从容优雅，为了自己，也为了你身边的人。现在就可以开始。

三种关键的修习能够转化痛苦并让你回归真正的家，从而拥有安稳与理解并施予你的伴侣。它们同时也引导你走向大喜悦。这些修习是正念、正定和般若智慧。修习正念、正定和般若智慧，我们可以净化心灵从而减轻烦恼，可以更专注地陪伴我们的亲爱人，获得自由。

第二把钥匙：用正念去呼吸

舍弃、放下是带来喜乐的一种技艺。正念是另一种方法。设想你是个年轻人，能走能跑能跳，可以做很多事情，精力充沛。年轻是多么美好！而我们有些人已经做不了这些事情了，现在已经太老。所以，吸气，感受自己的年轻和旺盛精力。"吸气，我知道我仍然年轻。"这样的觉知带来快乐。

吸气时，注意力专注在双眼，然后智慧生起，意识到我的眼睛仍然足够明亮，它们的健康状况仍然良好。"吸气，觉知我的双眼。呼气，我对双眼微笑。"有些人或许一开始会觉得这很可笑，但这种修习正念的方式可以带来般若智慧和快乐。拥有一双健康的眼睛，这是多么美好的一件事情。只需睁开双眼，你就能够进入万千形态与色彩的天堂。春天在这里，那里有一座天堂。因为这健康的双眼，你可以轻而易举地进入这座天堂。你无须做出任何努力，仅仅只是睁开你的眼睛。

我们一些失去视力的人再也看不到这座天堂。我们最深的希望是恢复视力再次见到这座天堂。我们那些没有失明人可以对自己说："吸气，我觉知我的双眼。呼气，我知道它们健康。"然后智慧生起，意识到自己已经拥有一个快乐的条件。这就是正念，而正念带来喜乐。正念让你知道自己还年轻。正念让你意识到自己的双眼还很健康。

"吸气，我觉知我的心脏。"你意识到自己的心脏并且知道它运转正常。拥有一颗健康的心脏，这是多么美好的一件事情。我们当中那些心脏不好的人，整天都在担心心脏病会随时发作。所以每次觉知到这一事实，我们都会觉得快乐。修习正念，快乐就像这样，一刹那间，就来到我们身旁。正念帮助我们识别自身以及周围许多快乐的条件。

所以我们必须训练自己，让自己明白正念是快乐的源泉。我们不需要金钱；我们不需要购物。我们需要的只是正念。一开始我们培养放下的能力。然后我们再培养正念的能力。这时，我们发现快乐已经到来。

我们有些人拥有许多快乐的条件，却仍然感到苦闷。他人则羡慕嫉妒，想象我们是多么幸福。我们拥有太多快乐的条件，却都被忽视不被珍惜。

第三把钥匙：排除杂念

　　保持对事物的注意，心念就会专注在对象上。这样的专注提升我们的快乐品质。比如说喝茶。当你保持觉知和专注的状态时，茶就变得非常真切，饮茶也变得十分喜悦。你的心宁静平安。它不住于过去，不住于将来，也不住于当下你的计划。你的心浸透在这盏茶水中。这就是正定。茶是你专注的对象。因此那一刻的饮茶让人十足喜悦，定力越是深，喜悦感就越强烈。观想一次壮丽的日出，不为过去将来的心想干扰。定的功夫越深，你会在你周围看到更多的美。所以正定是快乐的一把钥匙。

证得般若智慧

　　智慧为你带来解脱。心中住着恐惧、烦恼、欲望与贪爱，你就不能获得平静。但当你证得般若智慧，恐惧与贪爱远离，你自由了，获得真正的喜乐。禅的修习——放下、正念、正定与般若智慧——是真爱的修习。

第七章

真爱是四无量心

真爱让人快乐。如果爱无法让我们感到快乐，这就不是爱，而是他物。

"爱"这个词承载了太多的意义。我们说爱冰淇淋，爱一条牛仔裤，或一部电影。我们已经伤害了这个词，它必须得到治疗。文字会生病而失去它们的意义。我们必须给文字去毒，重新恢复它们的健康。

真爱是慈悲喜舍四无量心。它带来喜悦与平和，化解痛苦。爱的修习不需要他人的参与。你可以修习自爱。成功之后，爱他人就会变得非常自然。你的爱将如同一盏明灯，让很多很多的人感到快乐。

神圣精神是正念、正定与般若智慧。修习真爱的四个品质，你的爱便具备了疗愈和转化的能力，并蕴含神圣的元素在其中。如此性的亲昵变得非常美好。爱是一种奇妙的东西。它给予我们能力施予喜乐，化解痛苦并超越种种的分离与障碍。

慈无量心

慈是爱的第一个元素。这个词由梵文Mitra演变而来，意为友伴。所以爱是友谊，并且这样的友谊应当带来快乐。如果不是这样，友谊又有何用？与人为友就是施予快乐。如果爱不是提供快乐，而总是让对方哭泣，那么这就不是爱，不是慈，它是慈爱的反面。

慈的英语翻译是慈爱（Loving Kindness），即施予快乐的能力。真爱必备这一元素。爱的含义不仅仅是爱他人。自爱是爱人的基础。不懂自爱自乐，你如何能够爱人并施予他人快乐？对快乐一无所知，你又如何能够施予？自己按照喜悦而快乐的方式去生活的人，才有施予快乐的能力。

我们知道快乐与痛苦有联系。不能理解痛苦，我们就无法了解快乐的含义。理解痛苦是快乐的根本基石。不懂如何处理自己的痛苦情绪，你如何能够帮助他人？因此自爱对爱他人来说至关重要。成功的男女关系依赖于我们能够辨识自己的痛苦情感和情绪——不是抗拒，而是接纳、包容并转化它们，从而离苦得乐。

悲无量心

爱的第二个元素是悲，英语翻译为同情心（compassion）。悲是化解痛苦，即去除和转化痛苦的能力。你爱的人痛苦的时候，你希望自己能够提供帮助。但如果不懂如何处理自己的痛苦，你如何能够帮助他人？我们首先必须处理自己的痛苦。痛苦的情感或情绪无论何时生起，我们应当有能力与之同在——不是与之对抗，而是辨识它。

我们学习包容并接纳痛苦，运用正念、正定与般若智慧理解其本质。如此我们得到解脱。佛陀的教说清晰且具体。他不仅教导我们必须去爱，同时告诉我们如何去爱。他不仅教导我们能够转化痛苦，而且告诉我们具体方法，一个步骤一个步骤地开示我们。

我们不仅需要辨识自己的痛苦、伤痛和苦难，还应当投入时间去处理和转化这些情绪。运用正念和正定，我们滋养自己喜悦与快乐的情感。如果懂得放下的艺术，懂得正念、正定与般若智慧的艺术，那么我们就能随时生发喜悦与快乐的情感。

同情这个词没有完全反映出悲的真实内涵：这个词的前缀"com"意指"同在"，后缀"passion"意指"受苦"。所以同情的意义就是与对方一同受苦。然而，悲并不一定要受苦。它是化解痛苦的能力。它是化解自己与对方痛苦的能力。当你懂得修习正念呼吸，温柔拥抱疼痛与悲伤，深入观察苦的本性，那么你就能转化痛苦，带来慰藉。你不必受苦，不必和对方一同受苦。你们两人都能以这样的方式修习。

假设你是一名慈悲的医师。一个病人来抱怨身体的疼痛和心中的恐惧，即使作为一名出色的医生，你也不必出于友善目的而与他一同受苦。

我们必须区分爱的意愿与爱的能力。你或许有爱的意愿，但如果仅此而已，对方将因此而受苦。所以爱的意愿还不是爱。很多父母都爱他们的孩子。然而他们却经常以爱的名义给孩子造成巨大的痛苦。他们通常不能理解孩子的痛苦、困难、希望与抱负。我们必须扪心自问："我真的是通过理解去爱对方，还只是为了实现自己的需要？"

爱不仅仅是让人快乐的意图与意愿，更是实现这一愿心的能力。爱的能力需要学习和培养。省察自我并辨识自己的痛苦。如果你能辨识、包容并转化自己的痛苦与不幸，这就是自爱。有了这样的经验，你将帮助他人成功实现这一目标，带来喜悦与快乐的感受。

喜无量心

喜是真爱的第三个元素。爱应当带给我们喜悦。如果爱带来的只有眼泪，我们为何去爱？如果你能带给自己喜悦，你将懂得如何给你的伴侣带去喜悦，给这个世界带去喜悦。

"喜"被翻为同感喜或利他喜。我并不满意这种翻译，因为没有喜悦，你就不能施予喜悦。喜悦是为了你，但同时也是为了我自己。一名真正的修行者懂得为自己带来喜悦。我们没必要探讨利他喜。喜就是喜。如果你的喜悦真实健康，那这样的喜悦有益他人。如果你不喜悦，心不清净或没有笑容，这样的喜悦无益于任何人。喜悦与清净常住心间，即使什么都不做，我们也会因你而获益。

舍无量心

真爱的第四个元素是舍，意谓包容和无分别。这是真爱的基石。真正的爱，爱人与被爱没有区别。你的痛苦是我的痛苦。我的快乐是你的快乐。爱人与被爱同为一体。两者之间不再有任何障碍。真爱蕴含有舍弃自我的元素。快乐不再是个人的事。痛苦也不再是个人的事。你我之间没有分别。

舍的另一种翻译是包容。在真爱当中，你不排除任何人。如果你的爱是真爱，获益的不仅有人类，同时也包括动物、植物和矿物质。你爱一个人，这是一个机遇让你去爱所有的人和生命。这样你就朝善的方向前行，这就是真爱。但如果因为爱人而陷入痛苦与执着的苦海，割断对他人的爱。这就不是真爱。

正念给予我们最深层的馈赠是无分别的智慧。我们并非生来尊贵。我们尊贵，只能是因为我们思维、言语与行为的方式。修习真爱的修行人，拥有无分别的智慧，并且它渗透到你的行为当中。你不分别自己、伴侣、所有人和所有生命。你的心量变得广大，你的爱不知障碍。

培养真爱的四个元素——慈、悲、喜、舍——是滋养深厚健康关系的秘诀。定期修习这些元素，你就能够应对关系中遇到的挫折并转化内心的痛苦。你成为佛陀一般的圣者。你爱所有人和所有生物。你在这个世界的存在变得非常重要，因为你的存在就是爱的存在。

第八章

成为佛陀

> 不可与背离佛法之人为伍。不可任自牵引
> 走向爱执的道路。若修习者未能超越时间的边
> 障，他仍为二元思维所捕。
>
> ——《爱欲网经》偈二十三

此经专注于阐述情欲和性欲，然而它的教义同样适
用于对权力、名誉、金钱、美食和性的欲望。我们明知
食用某种食物会导致消化不良，却照吃不厌。解脱之道
就是要觉知表相。从外表看，有些东西或许十分诱人。
但是我们必须更加深入地观察，通过深入理解看到我们

欲望对象的肤浅。理解心能够制伏我们的贪爱。

感觉器官接触外物时，我们对它施以关注。自然而然地，我们会赋予注意对象一种感受或判断，并生起苦、乐、舍（不苦不乐）三种体验。感受引生出认识。看到令人忧苦的事物时，我们生起拒斥心。看到令人欢喜的事物时，我们则生起希求心。

最深层的欲望，那种激发并决定我们行为方向的动力，我们称之为愿心或愿望。愿心可以是积极的或消极的。这是维持我们生命力的能量。我们希望自己的生命有所作为。如果我们的动力源自悲悯和真爱，那么这就是善愿；但如果我们的欲望驱使我们堕入消极的环境和境遇，而不是更多的喜悦和悲悯，那么这样的愿心不仅不是滋养，反而是在伤害我们。

爱欲当中的愿心，就如同"爱疾"这种疾病。我们耽溺于形象的阴影，心中抹不去对方的记忆。陷于情欲的罗网，我们所有的渴望和认识都被情欲染着。行走，我们想着它；坐下，心中念着它。望月，念想不忘；观云，它又爬上心头。情欲的心念是一条水流，它不是一块石头或一抔泥土。这样的念流浸透我们的思维、认识和日常行为，如影随形。

有大悲，则生大愿

愿心是什么？是觉悟、正念还是痛苦的解脱？我们真想实现自己最大的愿心吗？若真是如此，为何又要背离它们走上与之相反的道路，以致消耗了修行的力量，无法帮助自己与他人呢？

大愿的化身地藏王菩萨曾发此愿心："凡痛苦处，誓愿尽度；化度众生，功德圆满喜悦。"心怀深愿心在帮助他人的同时，也带给自己成就感与满足感。如果你和伴侣都有一颗深愿心，那么你们不仅能够相互守护对方的快乐，同时也将为这个世界带来更多的快乐，而这种功德是你独自一人所无法完成的。

当你的愿望是希望自己充满大正念与大爱，此等愿心称为菩提心（bodhicitta）、初发心、爱之心。菩提心是帮助他人止息痛苦，证得觉悟的希求心。我们要让这样的愿心在生命中一天比一天坚定，我们就要这样活法。如果愿心蚀消动摇，我们就无法在修习的道路上获得成功。我们每天都需要修习正念以成就愿心。我们耐心追求愿望的实现，却也不应错失当下——我们安享当下一刻，并借此实现我们最深的愿望。

深愿心是能量的巨大源泉。没有愿心，我们将枯萎凋谢，失去生命活力。我们需要观察内在生命力的来源。这样的来源是否足够强大？如果能量不足，我们就不安稳。一场暴风雨仍然能够把我们击倒。

我们每个人心中都住着一个圣人，一个平和安详，充满光明、理解与悲悯的存在。这个人携一把正念之剑斩断痛苦镣铐。在深刻理解的光耀之下，我们看到脱离束缚的解脱之道。发现爱他人需要光明和悲悯。我们能够唤醒内心的这名圣人，不受干扰不受阻碍地实现我们真正的愿心。

当你和伴侣共享愿心和修习时，便不再有嫉妒心，因为你们两人忠诚于同一个愿心。无论对方做什么，你跟着一起做。你们分享所有。这就是舍的精神。这让灵魂的忠贞变成可能。

当然，你仍然有你的自由，你的伴侣也拥有她完整无缺的自由。爱不是牢笼。真爱给予我们充足的空间。因为肉体、情感与精神上的融融不分，也就不必强求紧密相随分秒不分。你不再因为两人的暂别而忧虑。

众生是未觉悟的佛

"佛陀"这个名字意指"觉悟的人"。悉达多觉悟到周遭世界的真实，于是发誓要全然活在当下，那一年他三十五岁。三十五岁，我们大多数人都还性能量充沛。梅村有很多年轻的比丘和比丘尼，他们也和其他任何人一样拥有性能量。但他们把这样的能量转化为实践弘愿的动力，而不是受它的摆布。性欲甚至还能成为我们求道过程中的支持。拔离爱欲的根本并不意味着性欲能量的消灭。相反，般若智慧与悲悯让我们可以巧妙地调御它们。

觉悟的本质是般若智慧。只要具足般若智慧，尽管仍然存有性欲能量，我们也能轻松地对它进行管理。佛经探讨拔除性欲能量。这不意味着对性欲的粗暴斩断或是消灭。当不安的性欲升起，我们只要以足够的理解与爱对它施以关注，它便退去不再生长。

每时每刻都是佛陀

一开始修习正念，你还是一个临时佛陀。慢慢地，你才成为全时佛陀。有时你进入佛陀的境界，有时你退入凡尘。然后，坚持不断修习，你再次成为佛陀。佛性是能够企及的境界，因为你和佛陀一样都是有情众生。无论何时，只要你想，你就可以入佛的境界。佛陀存在于此时此刻，存在于任何时间，任何地点。

当你是临时佛陀，你的恋爱关系也许时好时坏。而当你是全时佛陀，无论关系出现什么挫折，你也能找到方法住于当下并时刻保持快乐的心情。

觉悟成佛并不太难。佛陀是开悟的人，是具足爱与宽恕的众生。你知道有时候自己就是如此。所以请享受成为一个佛陀的体验吧。坐时，心中的佛陀坐下；行时，让他与你一同行走。享受你的修习。你不成佛陀，谁成佛陀？

为了成为佛陀，我们必须做三件事：解开情欲的束缚；坚守我们的深愿心；解放自我，远离二元思维。

每个人都有善良、仁慈和觉悟的种子。我们心地都具足佛性的种子。为了佛性能够显现，我们必须浇养这些种子。我们应当体现出对人的信心，这能赋予你我力量和能量来帮助这些种子生长与成熟。但如果一举一动表现出的都对己对人内在善的不信任，我们就会因为痛苦去埋怨自己和他人，失去自己的快乐。

你可以运用自己的善心来转化痛苦，以及愤怒、残忍和恐惧的倾向。但不要丢弃痛苦。善用你的痛苦。它是你获得理解的养分，从而滋养你与爱人的快乐。

第九章

灵魂的忠贞：对爱人坚定不疑

把欲望抛在身后，无着意于爱的轨迹，我们
撕开爱的罗网，再没有什么能够伤害我们了。

——《爱欲网经》偈二十一

承诺相守便是踏上一段极其冒险的旅途。世上没有
一个"对的人"能够让这段旅途变得轻松。你必须足够
聪明和耐心来保持你们的爱新鲜有活力。这样，这段关
系才能持久。

关系确立的第一年就已经显现出这有多难。当初做出承诺时，你心中抱有对方的美好想象，因而承诺的对象是那种想象而不是对方本人。朝夕相处之后，你开始发现对方的真实状态与你心中的想象不太相符。有时你会为此而感到沮丧。

一段关系刚开始的时候，你们都充满激情。然而激情不会持续多久——或许六个月，或许一两年。到那时，如果你没有足够的善巧，如果你不修习正念、正定与般若智慧，痛苦就会在你与对方的心中孕生。那时当你再遇到其他人，你会觉得跟他们在一起自己会更加快乐。在越南，有一句谚语这样说：一山望得一山高。

无论是在公开的结婚典礼上，还是通过私人方式，向伴侣做出私人承诺时我们总是言之凿凿，而这通常是因为我们相信自己能够，并且希望自己一生一世都忠实于对方。这是一个需要持续而精进修习的挑战。我们很多人身边都缺乏忠诚与信实的典范。美国的离婚率约为百分之五十，而对于那些未婚却相互承诺的伴侣而言，这一比例与之不相上下或者更高。

我们爱与人比较，所以会怀疑自己是否有能力满足对方的需求。很多人都缺失价值感。我们渴求真理、善良、悲悯与心灵的美，却不相信这些美好的品质就存在我们心中，所以向身外寻求。有时候，我们以为自己找到了集合真、善、美一切美好品质的理想伴侣。那个人或许是你的爱人、朋友或精神导师。我们在他身上看到一切美好，并爱上对方。然而，一段时间过后，我们通常会发现自己对对方的看法是错误不实，因此又会陷入沮丧。

善与美存在于我们每一个人心中。真正的精神伴侣，鼓励你深入观察自我，去自己的心中寻找你一直所追寻的美与爱。真正的导师，帮助你发现自我内心的导师。

扎实自我的根本

坚守自己对对方的承诺不改，经受生活最严酷的暴风雨不移，我们需要强大的根本。如果等到关系出现危机时才想到解决，我们将因为根基不稳而难以承受住打击。我们总以为自己很坚定，而事实上，这样的平衡状态脆弱不堪。仅仅一阵风从枝头吹过，整棵树便倾然倒下。刺柏的根深深扎入土地。因此，它稳固而强大。有些树看似相当挺直，然而仅仅一次暴风雨就能击倒它们。坚韧的树根本扎得深厚，即便是狂风暴雨，也能不为所动，保持真正的巍然挺立。

第一根本：信心

我们以为自己向对方许下承诺时，需要信任对方，相信他们值得自己为此做出承诺。然而事实上，他们和其他任何人一样，有其挑战也有其力量。我们把信仰交给上帝，或许未来有一天我们会失去那个信仰；我们把信仰交给凡人，这样的信仰或许也将失去。我们的信仰应当更加坚定和持久。我们需要信任自我和内心的佛陀。

看到他人拥有创造快乐的能力，这让我们相信自己的佛性。这样的信仰不是理论，而是事实。环顾四周，我们可以发现：快乐而慈悲地生活的人，有能力让他人也感到快乐；缺失理解与爱的能力之人，自我痛苦也让他人遭受痛苦。

《卡拉玛经》^①有这样一段经文：一个年轻人对佛说："有众宗师前来述示自说其道为正道，汝当从之。吾等迷惑，不知所去，请佛陀为我们开示。"

佛说："不可因宗师的威望而妄信；不可因典籍的记载而妄信；不可因众生的信仰而妄信；不可因因循的习俗而妄信。听之，审虑之，通晓之，实践之，如此有果，可信之；无果，不可因习俗、典籍或宗师而信之。"

①《卡拉玛经》：取自南传巴利经藏，在南传佛教地区家喻户晓，记述的是佛陀对卡拉玛人的一番教诲。经文中凸显了佛教求真、求实、求证的根本精神，因而此经尤其受到知识阶层的尊重与推崇。

第二根本：精进

无论多想笃诚一段健康关系，仍有太多的外部信息诱导我们去追逐贪爱。我们满身习气。如果不修正念，贪爱与情欲将会压倒我们。快乐源自我们的正念、正定与般若智慧。每次修习坐禅、行禅、观呼吸、爱语、倾听或任何其他正念的修习，我们的根本就会变得更加强大和深入，我们也获得更多的安稳和力量。

修习正念呼吸，我们就能在骚动与哀伤生起时安抚它们。初次修习如果不成功，应持之以恒直到看到成果。一旦产生效果，慢慢地我们的信心便会增长。信仰总是基于实证。我们不相信修行，这仅仅是因为它已经被他人重复多次。

第三根本：同修

关系中分享同样的愿心，你和伴侣便融为一体，共同成为爱与平和的承载。无论做什么，你们都在一起，因为你们是一个僧伽，是由两个、三个、四个或一百个拥有共同信仰的信众所组成的团体。你们相信我们有能力更好地去理解，去爱并获得更大的快乐。

佛陀觉悟后，他做的第一件事是寻找同修组建僧伽。我们的精神有了庇护后才能寻得快乐。在法国西南部的梅村禅修中心，我生活的环境就是一个由比丘、比丘尼和在家众共同组成的僧团。僧伽是我的真正皈依。即使只是两个人，只要相互滋养喜悦与正念，这就是僧伽——正念的团体。二人家庭是最小的僧伽；如果有一个孩子，僧伽就有了三个成员；如果还有更多的人，那僧伽的规模就更大了。家是你的皈依，你的庇护所。

无论僧伽是两个或以上，只要是对团体有信心，我们将无所而不至。僧伽犹如大地。它吸纳万有，让我们的根深植其中。这些根深深地扎入整个团体。我们的根本深扎僧伽，从中汲取养分，增加我们自己的力量，让我们得以巍然挺立。

　　笃信、精进和同修这三个根本深入地滋养我们，这样，无论独自一人还是与人共处，我们都将保持坚定不移。我们不只是活了下来，还将蓬勃茂盛地生长。任何暴风雨都无法撼动我们。在日常生活中，我们总是只关注于生存。然而忠贞不是为了生存，而是对生命力的一种追求。

一念良田，一念恶土

你耕耘两片心田：一片你自己，另一片是你爱人的。首先，你必须照料自己的心田，掌握耕耘的技艺。每个人心中都有鲜花和污垢。污垢，是我们心中的愤怒、恐惧、分别与嫉妒。浇养这些污垢，你将会强大负面的种子。但如果浇养的是悲悯、理解与爱这些鲜花，你将使正面的种子强大。心田长养什么，取决于你自己的选择。

如果你不懂在自己的心田修习择善浇养，你就没有足够的智慧去帮助你的爱人浇养她心田的鲜花。耕耘好自己的心田，也就是对她的帮助。

即使是一个星期的修习也会带来巨大的改变。你能够做到这样的改变。每次修习行禅时，身心全然专注于每一步，你正掌握自己的境遇。每次吸气，你觉知自己在吸气，每次呼气，你笑对自己的呼气微笑，你是你自己，你自己的主宰，是你自己心田的耕者。我们依赖你耕耘好自己的良田，然后再帮助你的爱人耕耘她的良田。

如果关系出现危机并且希望与对方和解，你就必须回归自我。回到自己的心田，培养平和、悲悯、理解和喜悦这些鲜花。只有在这之后，你才能回到爱人身旁，保持一颗容忍与悲悯之心。

我们与人一起承诺共同成长，分享修行成果与进步的承诺。我们有责任相互守护。每次对方向着改变与成长的方向努力时，我们都应当表示欣赏。

如果你和伴侣已经在一起生活多年，你或许会觉得自己对这个人已经完全了解。但这是错误的想法。科学家可以数年研究一粒尘埃，仍然不敢声称对此已经彻底了解。如果一粒尘埃这般复杂，更何况是一个人。伴侣需要你的关注，需要你浇养他（她）心中积极的种子。没有那样的关注，你们的关系就会枯萎。

　　我们必须学习创造快乐的艺术。童年时期，如果你的父母身体力行为家庭创造快乐，耳濡目染，你就已经深谙其法。但我们很多人都缺少这样的榜样。问题不是对错，而在于技巧。共同生活是一门艺术。即便再多的良好愿望，我们仍然会给对方造成非常大的痛苦。正念是快乐艺术的画笔。持守正念，我们就更善巧，快乐也蓬勃生长。

真正的家

我们都在寻找一个让人安全与舒适的地方，一处让我们做真正自己的家。当我们更懂得修习正念并植下忠贞的根本后，我们就能与伴侣轻松共处。找到我们真正的皈依，内心所有的不安分和追寻都消散了。

真正的家在我们内心。我们深入且真诚地观察自己的痛苦、能量与观念，我们就会找到自身的平和。然而，我们真正的家不仅仅在我们内心。一旦我们能安然自处，我们就能深入倾听亲爱人的痛苦，开始理解他们的体验和观念。这样我们就成为了相互的皈依。

在越南，已婚夫妻会称呼对方"我的家"。如果有人问："你的妻子在哪里？"他会回答："我的家在邮局。"如果一个女人收到物品，别人问她哪里来的，她会说："我的家为我做的。"丈夫会这样呼唤妻子："家在哪？"妻子会回答："我在这里。"

修习正念，你内心的皈依和两人共同筑造的皈依没有冲突。没有了分别，也没有了贪爱。在我们共同的皈依当中，唯有自在、解脱与喜悦。

第二部分

《爱欲网经》全文翻译

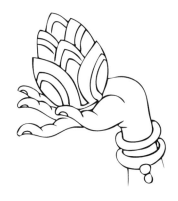

偈一　　心意放纵于淫佚的行为上，欲爱之木便破土而出，迅疾吐芽。爱欲所缘在身体内部遍布生长愈加炽烈繁盛，心意因此散乱。那些追逐爱欲的尘世之人，恰如为了贪求各种果实在林中不断跳跃的猿猴。

偈二　　爱欲以痛苦折磨世人，系缚我们于尘世间。忧虑与不幸日夜生长，漫延无际犹蔓草随地而生。

偈三　　为执取所蒙蔽，终究我们将沉沦堕入爱欲的苦海。焦虑日甚一日，充盈心中，正如池塘因潺潺细流而盈满。

偈四　世间的忧悲不胜可数，爱欲之忧悲最甚。修习者唯有舍弃爱欲，才得以放下所有的忧虑。

偈五　若想获得喜悦，我们必须决意舍弃执着。脱离爱执，我们不再堕入来世的轮回——卸下忧虑的负累，安于当下不向外染求。无执引向真正的平和与喜悦。

偈六　若是为爱深深所捕，如此在将死之际，四周围绕亲眷卧于病榻上的我们将能够照见，自己一生所走过的忧愁与痛苦是如此一条漫漫长途。爱之痛苦常常使人堕入危险的境地和不计其数的灾难。

偈七　修习者应当背离爱欲的方向。必先彻底斩除爱欲之根本，使其不再生根发芽。切勿像刈割芦苇一样，使心念再度萌生。

偈八　　　爱欲犹如树木根深且固。爱欲之木即使被砍伐，枝叶却依缘再度抽枝发芽。如果爱欲不是连根拔除，我们总还是要受它的痛苦。

偈九　　　猿猴从一棵树跳跃到另一棵树上，世间凡众也如猿猴一样，跳出此爱欲的牢笼却又跳入彼爱欲的牢笼。

偈十　　　爱欲之意是常流之水，习气与我慢也是如此。我们的思维与认识受爱欲的染污；我们掩埋真如实相因而蒙蔽了自我无所照见。

偈十一　　心念如流水自由流淌，爱欲若葛藤抽芽纠结。唯有真正的般若智慧能够清晰分辨此一真实，帮助我们斩断心念的根本。

偈十二　爱欲之流弥漫我们的思维与认识，日益增长，
相互纠结。它的来源深层无底，随着它，老死
之苦也将早来。

偈十三　受贪婪逞欲的滋养，爱欲所生枝条蔓长不息，
怨愤累聚高如坟冢。愚人纷纷奔向此一方向。

偈十四　即使地狱有钩铄，智者并不觉此为牢狱。执着
的锁链束缚甚于牢狱的囚禁。

偈十五　智者明了爱欲是最为禁锢的牢狱，深层牢固难
以逃脱。唯有终结爱欲才能获得平和安详。

偈十六　眼识色相便受之迷惑，乃是无明世事无常所
致。愚蒙之人妄计色相圆满而美好。殊不知，
外相都虚妄无实，流转不息。

偈十七　自囚于爱欲的罗网，恰如蚕儿作茧自缚。智者
　　　　斩断并舍弃引发欲望的认识。无分别观照爱欲
　　　　的所缘，所有痛苦不再近前。

偈十八　众生散乱，心念放逸，妄计爱欲所缘为净，殊
　　　　不知此种执着的迅猛生长将去除我们所有的自
　　　　由，生发莫大的痛苦。

偈十九　正念之人能够照见爱欲所缘不净的本性。如
　　　　此，他们得以舍弃欲望，逃离束缚并斩断老死
　　　　的忧患。

偈二十　绑缚自我于爱欲的罗网之中，抑或躲藏于它的
　　　　遮盖之下，自我便堕入了执着的地狱轮回不可
　　　　自拔，恰如鱼儿游弋进入自己的陷阱。为老死
　　　　忧患所捕，我们渴求爱的所缘，正如小牛寻求
　　　　母乳一般焦急。

偈二十一　把欲望抛在身后，无着意于爱的轨迹，我们撕
　　　　　开爱的罗网，再没有什么能够伤害我们了。

偈二十二　智伟者走完觉悟的道路，解脱了所有的执与
　　　　　苦，消解了所有的分别心，超越了所有的二
　　　　　元思维。

偈二十三　不可与背离佛法之人为伍。不可任自牵引走
　　　　　向爱执的道路。若修习者未能超越时间的边
　　　　　障，他仍为二元思维所捕。

偈二十四　通晓佛陀的教义，我们照见并理解事物的真
　　　　　如实相而不为所捕。如此，我们懂得如何破
　　　　　除心念中爱欲的系结。

偈二十五　所有布施中佛法真理的布施最为殊胜。所有
　　　　　味道里真理的法味最为香甜。所有快乐中遵
　　　　　法过活最为广大。断除爱欲，众苦灭尽，永
　　　　　无生起。

偈二十六　　愚暗之人常常因为欲爱的贪求而自我束缚。
　　　　　　他们仍然不求超度此岸进入彼岸。贪婪是败
　　　　　　坏的缘由，并给自我与他人带来不幸。

偈二十七　　贪意如同土地，贪婪、愤怒与无明是种子。因
　　　　　　而布施与救度世人之人，将收获无量的快乐。

偈二十八　　友伴稀少而货物丰裕，经商之人内心焦虑而恐
　　　　　　惧。智者从不追逐欲望。他们明了情欲享受的
　　　　　　嗜爱是生活的敌人，将毁灭我们的性命。

偈二十九　　心意触摸到愉悦之际，五欲生起。真正的勇
　　　　　　士能迅速断除这些欲望。

偈三十　　　欲望止息，恐惧不再。如此，我们才能真的
　　　　　　自由、平和与快乐。修行者止息过甚的欲
　　　　　　望，以及任何的行蕴，他便走出地狱的深渊
　　　　　　解脱了自我。

偈三十一　我亲爱的情欲，我已了解你的源头。一颗渴
求的心意来自于欲求与妄见。如今我放弃了
过甚的欲求和妄见，你又将如何生起？

偈三十二　若我们不连根砍除爱欲的根本，它还会继续
生长。如比丘或比丘尼彻底拔除它，他们将
证得涅槃之境。

偈三十三　如果一个人不希求砍倒爱欲之木，它的枝叶
多多少少都会继续生长；如果我们的心意仍
然为爱欲所捕，就如同牛犊总是贪恋母亲的
乳汁无法自立。

第三部分

爱的修持练习

练习一：观呼吸

吸气，我平静身体。

呼气，我展颜微笑。

安住于当下一刻，

当下即美好。

每天我们随时都可以觉知地呼吸。无论何时觉知到呼吸，我们就可以诵读这首偈颂。

"吸气，我平静身体。"诵读这句偈就如同饮一杯凉水。感觉一股凉爽的清新之气弥漫整个身体。吸气时诵读这句偈，我切实感觉到这样的呼吸在安抚我的身心。"呼气，我展颜微笑。"一个微笑就可以放松你脸部的数百块肌肉，成为自己的主人。因此，诸佛与诸菩萨都总是面带微笑。

　　"安住于当下一刻，当下即美好。"我安坐于此，心中没有一丝的杂念；我安坐于此，念念分明自身的所在。静坐是一种喜悦，安稳而自在，回归自我——回归我们的呼吸，我们的浅笑，我们的本性。我们因为这些美妙的时光而心存感恩。我们问自己："当下不能获得平和与喜悦，何时才能获得，明天还是后天？什么阻碍我当下获得快乐？"我们可以节略这些偈句为："平静，微笑；当下一刻，美妙一刻。"无论在哪里，无论在做什么，我们都能够回归自我并修习正念呼吸。

练习二：五项正念修习

五项正念修习适合所有人，无论是出家弟子还是在家弟子。正念是一种能量，它能帮助你回归自我，活在此时此刻，了解为了保护自己该做什么、不该做什么，建造你真正的皈依，转化你的烦恼并成为他人的依靠。五项正念修习是修习正念十分切实的五种训练方法。

研习五项正念修习，我们照见持守这五戒的道路是真爱的道路。五项正念修习第一项训练是爱的修习，第二、第三、第四、第五项训练也是如此。五项正念修习使人圣洁。每一个凡人都是圣性的存在。

第一项正念修习：敬畏生命

觉知到杀害生命所带来的痛苦，我承诺培养相即的智慧和慈悲心，学习保护人、动物、植物和地球的生命。我决不杀生，不让他人杀生，也不会在思想或生活方式上，支持世上任何杀生的行为。我知道暴力行为是由恐惧、贪婪和缺乏包容所引起，源自于二元思想和分别心。我愿学习对于任何观点、主张和见解，保持开放、不歧视和不执着的态度，借以转化我内心和世界上的暴力、盲从和对教条的执着。

第二项正念修习：真正的幸福

　　觉知到社会不公义、剥削、偷窃和压迫所带来的痛苦，我承诺在思想、说话和行为上，修习慷慨分享。我决不偷取或占有任何属于他人的东西。我会和有需要的人分享我的时间、能量和财物。我会深入观察，以了解他人的幸福、痛苦和我的幸福、痛苦之间紧密相连；没有了解和慈悲，不会有真正的幸福；追逐财富、名望、权力和感官上的快乐会带来许多痛苦和绝望。我知道真正的幸福取决于我的心态和对事物的看法，而不是外在的条件。如果能够回到当下此刻，我们会觉察到快乐的条件已然具足，懂得知足，就能幸福地生活于当下。我愿修习正命，即正确的生活方式，借以帮助减轻众生的苦痛和逆转地球暖化。

第三项正念修习：守护真爱

　　觉知到不正当的性行为所带来的痛苦，我承诺培养责任感，学习保护个人、家庭和社会的诚信和安全。我知道性欲并不等于爱，基于贪欲的性行为会为自己和他人带来伤害。如果没有真爱，没有长久和公开的承诺，我不会和任何人发生性行为。我会尽力保护儿童免受性侵犯，同时防止伴侣和家庭因不正当的性行为而遭受伤害与破坏。认识到身心一体，我承诺学习用适当的方法照顾我的性能量，培养慈、悲、喜、舍这四个真爱的基本元素，借以令自己和他人更加幸福。修习真爱，我知道生命将会快乐、美丽地延续到未来。

第四项正念修习：爱语与聆听

　　觉知到说话缺少正念和不懂得细心聆听所带来的痛苦，我承诺学习使用爱语和慈悲聆听，为自己和他人带来快乐，减轻苦痛，以及为个人、种族、宗教和国家带来平安，促进和解。我知道说话能带来快乐，也能带来痛苦。我承诺真诚地说话，使用能够滋养信心、喜悦和希望的话语。当我感到愤怒时，我决不讲话。我将修习正念呼吸和正念步行，深观愤怒的根源，尤其是我的错误认知，以及对自己和他人的痛苦缺乏理解。我愿学习使用爱语和细心聆听，帮助自己和他人止息痛苦，找到走出困境的路。我决不散播不确实的消息，也不说会引起家庭和团体不和的话。我将修习正精进，滋养爱、了解、喜悦和包容的能力，逐渐转化深藏于我心识之内的愤怒、暴力和恐惧。

第五项正念修习：滋养和疗愈

　　觉知到没有正念的消费所带来的痛苦，我承诺修习正念饮食和消费，学习方法以转化身心和保持身体健康。我将深入观察我所摄取的四种食粮，包括饮食、感官、意志和心识。我决不投机或赌博、也不饮酒、使用麻醉品或其他含有毒素的产品，例如某些网站、电子游戏、音乐、电视节目、电影、书刊和谈话。我愿学习回到当下此刻，接触在我之内和周围清新、疗愈和滋养的元素。我不会让后悔和悲伤把我带回过去，也不会让忧虑和恐惧把我从当下此刻拉走。我不会用消费来逃避孤单、忧虑或痛苦。我将修习观照万物相即的本性，学习正念消费，借以保持自己、家庭、社会和地球上众生的身心平安和喜悦。

练习三：择善浇养

择善浇养的修习长养我们心中正面的种子，给予我们精神力量和活力。我们让负面的种子静止，让滋养有空间能够进来。如此，我们就可以更加轻松，清晰和善巧地面对逆境。

你亲爱人心中藏有许多不同的种子：喜悦、痛苦和愤怒。如果浇养那愤怒的种子，那么仅仅五分钟之后她就会显现出愤怒情绪。如果浇养她心中悲悯、喜悦与理解的种子，这些种子就会蓬勃生长。辨识她心中善的种子，你浇养了她的自信，她就变成了她自己和你快乐的源泉。

择善浇养的修习分四个部分：首先，让负面种子静眠于藏识中，不要给它们显现的机会，如果显现太过频繁，它们的基础将会巩固；第二，如果一个负面种子显现，我们尽快让它返回安眠状态。我们可以用另一个心理状态替代它，即正精进的第三修习；第四，在一个善的心理状态显现时，我们尽己所能维持它的存在。就好像好朋友过来拜访，整间屋子都因此充满喜悦，所以我们劝他多留几日。

我们帮助伴侣也这样修行，改变她的心行。如果愤怒或恐惧显现，我们浇养她心中的善种子，让它显现并替代不善的心行。这样修习并在僧伽的帮助下，我们帮助这些种子有更多的机会显现。我们应当这样组织自己的生活，每天都接触和浇养几次善种子。那些还没显现的善种子，我们现在给它们一次机会。

所以为了不浇养自己和相互间的负面种子，我们相互承诺："亲爱的，我知道你心里有一颗愤怒种子。每次我浇养这颗种子，你痛苦也让我痛苦。所以我承诺不会浇养你的愤怒种子。同时承诺不浇养自己心中的愤怒种子。你可以做出同样的承诺吗？日常生活中，不阅读、观看或消费任何浇养我们愤怒与暴力种子的商品。你知道我心中愤怒的种子十分强大。每次你的言行浇养了它，我痛苦也让你痛苦。所以，我们不要相互浇养这些种子。"

练习四. 慈心观

爱，首先是接纳真实的自己。因此在爱的修行中，"认识你自己"是第一项修习。修习慈心，我们得以了解自我养成的各种条件。这种理解让接纳自我变得容易，包括接纳我们的痛苦和快乐。

我们首先这样祈愿："愿我……"然后超越祈愿的层次，深察禅观对象的所有正面和负面特征，这里指的即是我们自己。爱的意愿还不是爱。我们全身心谛观以获得正确的知见。我们不愿模仿他人或追求某些理想。慈心禅不是自我暗示。"我爱自己。我爱众生。"我们不只是反复念诵。深入观察色受想行识五蕴，仅仅数周的每日修习，我们的爱愿将成为深愿。爱将融入我们的思维、言语与行动当中，并注意到自己的身心变得更加平和、快乐与轻松；远离伤害；远离愤怒、苦恼、恐惧与焦虑。

修习过程中，我们观察自己获得了多大的平和、快乐和轻松。注意自己是否担心灾祸与不幸的发生，以及心里有多少愤怒、激愤、恐惧、焦虑或忧虑的情绪。觉知心中的感受，自我认识就会加深。我们将看到恐惧和不安造就自己的不快乐，以及自爱与培养慈悲心的价值。

在慈心禅中，"愤怒、苦恼、恐惧与焦虑"指的是所有不善和负面的心理状态，它们匿居人的内心，剥夺我们的快乐与平和。愤怒、恐惧、焦虑、贪爱、贪婪和无明是当下人们的大苦恼。修习正念地生活，我们就能够降伏它们，我们的爱也转化为有效的行动。

修习慈心禅，端正坐着，放松你的身体与呼吸，然后开始念慈心禅的祈愿文。坐姿是这一修习的极好姿势。端正静坐，身心不为其他事干扰，所以能够谛观自己如其本然，培养善待自己的爱心，并确定向这个世界表达这种爱的最好方式。

愿我身心平和、快乐与轻松。

愿她身心平和、快乐与轻松。

愿他身心平和、快乐与轻松。

愿他们身心平和、快乐与轻松。

愿我平安，远离伤害。

愿她平安，远离伤害。

愿他平安，远离伤害。

愿他们平安，远离伤害。

愿我远离愤怒、苦恼、恐惧与焦虑。

愿她远离愤怒、苦恼、恐惧与焦虑。

愿他远离愤怒、苦恼、恐惧与焦虑。

愿他们远离愤怒、苦恼、恐惧与焦虑。

　　起初使用"我"这个字，对自己修习慈心禅。有能力关爱自己，你才有能力帮助他人。在这之后，对他人（"他""她""他们"）进行修习——最先是让你欢喜的人，再而是无生好恶的人，继而是你爱的人，最后是那些一念浮起便能让你感到痛苦的人。

练习五：五觉知

　　任何人在任何时间都可以使用这些偈颂，作为保护我们关系的一种修习。很多人已经在婚礼和宣誓仪式当中使用这些偈颂，还有些夫妇喜欢一起念诵它们，每周进行一次。如果你有一盏钟，你可以每读一句，然后请钟响起。在读下一句之前，请静默地呼吸数次。

第一项觉知：

我们觉知所有祖先与后代皆在我们之中。

第二项觉知：

我们觉知我们的祖先，我们的子孙以及他们的子孙对我们的期待。

第三项觉知：

我们觉知我们的喜悦、平和、自由与和谐也是我们的祖先，我们的子孙以及他们子孙的喜悦、平和、自由与和谐。

第四项觉知：

我们觉知理解是爱的根基。

第五项觉知：

我们觉知责备与争吵对我们永远没有帮助，只会造成两人之间更深的隔阂；唯有理解、信任和爱才能帮助我们改变和成长。

练习六：重新开始

　　在梅村，我们每周都会举行"重新开始"的仪式。在仪式当中，大家围坐成一个圈，中间摆放一瓶鲜花，然后我们随顺自己的呼吸，等待引导师开始仪式。这个仪式包含三个部分：浇花、致歉和表达所受的伤害和困难。这一修习可以防止受伤的感受在接下来的数周时间里慢慢郁积，同时也为每一名团体成员创造一个安全的环境。

　　首先是浇花的仪式。准备说话前，她双手合十，其他人也双手合十，表示她有说话的权利。然后，她站起身，慢慢走向鲜花并把花瓶握在手中，回到自己的座位。在说话的时候，她的言语映照的是手中花朵的新鲜与美好。在浇花期间，说话人说出他人身上健康美好的品质。这不是恭维，我们总是讲述事实。在觉知的光照下，每一个人都有自己的某些强项。谁手中握有花瓶，他人便不得打扰。而且只要有这个需要，她可以想说多久就说多久，其他任何人则修习倾听。说完之后，她起身并在正念下把花瓶放回房屋中央。

在仪式的第二部分，我们对自己行为对他人造成的伤害表达歉意。对他人的伤害，有时仅仅只需一句无心之言。"重新开始"是一次机会，让我们回忆这一星期自己感到抱歉的事并化解它。

在仪式的第三部分，我们倾诉他人对我们造成的伤害。爱语至关重要。我们希望的是团体的疗愈，而不是伤害它。我们坦诚说话，但不愿自己所说的造成破坏性的后果。在这一修习中，倾听是这一修习的重要组成部分。我们围坐在一起，相互之间是共同修习深入倾听的友好陪伴，我们的言语变得更为优美和富有建设性。我们从不责备或是争辩。

　　慈悲倾听至关重要。我们倾听，心中怀着帮助他人出离痛苦的希望，而不是评判或争辩。我们全神倾听。即使听到一些并不真实的话，我们也应继续深入倾听，这样对方才能完全表达她的痛苦，释放内心的压力。驳复或修正她的话，这一修习就会无果而终。我们只是倾听。如果确有必要，我们可以在几天之后，私下里平和地指出她看法的偏颇。如此，下一次举行重新开始的仪式时，她或许就会矫正自己的错误，而无需我们再多说什么。最后，我们唱一首歌，或者是围坐在一起修习几分钟的正念呼吸来结束我们的仪式。

练习七：拥抱禅观

拥抱禅观是我创立的一种修习方式。1996年，一位女诗人送我到机场，然后问我说："我可以拥抱一名佛教僧人吗？"在我自己国家，我们并不习惯通过这种方式来表达自我的情感，但我想："我是一名禅宗法师，这样做应该没有什么不妥。"于是我说："当然可以。"然后她就拥抱了我。但我表现得却相当僵硬。坐在飞机上，我决定如果要与西方国家的朋友共事，自己就必须学习西方的文化，所以就创立了拥抱禅观。

拥抱禅观是东西方文化的结合。按照这一修习，你必须真正地拥抱你所拥抱之人。你必须要让对方在你的臂弯间感觉非常真实，不仅是出于出面的礼节，拍拍他的后背表示你在那里，而是要有意识地呼吸，投入所有的肉心灵去拥抱。拥抱禅观是一种正念修习方式。"吸气，我知道亲爱的人在我的臂弯，真实鲜活。呼气，她对我来说是多么宝贵。"像这样深呼吸，拥抱你爱的人，关怀、爱与正念的能量将渗透对方的身心，她会像一朵鲜花一样饱满和蓬勃。

练习八：写一张和平便条

　　和平约章不只是一份文书，它是帮助我们长久且快乐地共同生活的修行。约章包括两个部分：第一部分针对愤怒的一方；第二部分针对造成这种愤怒的另一方。

和平约章

为了长期并快乐地一同生活，为了继续培养并深化我们的爱和理解，我们签字双方，承诺遵守并践行以下条约：

本人，愤怒的一方，同意：

1.避免让自己的言语和行为，避免进一步损害双方情感或激化愤怒情绪。

2.不压抑自己的愤怒情绪。

3.修习观呼吸，皈依内心的岛屿。

4.在二十四个小时之内，平静地告知对方自己的愤怒与痛苦，不管是以口头的方式还是向对方传递一份和平便条。

5.通过口头或便条的方式和对方约定在本周末（比如星期五晚）会面，对双方的不愉快进行更加透彻的交流。

6.不要说："我不生气，我很好。我不觉得痛苦。没什么可生气的，至少不值得我去生气。"

7.修习观呼吸，深入观察自己行住坐卧的日常生活并觉悟到：

·自己的不善巧

·自己的习气如何已经伤害了对方。

·自己心中强烈的愤怒种子是导致我愤怒的主要原因。

·对方的痛苦，浇养了我愤怒的种子，是我愤怒情绪的次要原因。

·对方仅仅只是在寻求自我痛苦的解脱。

·只要对方还痛苦，我就不会真正快乐。

8.一旦意识到自己钝愚、缺乏正念，就应及时向对方道歉，而不是等到周五晚。

9.如果自己的情绪还未平复,不适合与对方会面,就应当推迟周五的约会。

我,导致对方愤怒的一方,同意:

1.尊重对方的感受,不嘲弄对方,并给对方足够时间平静下来。

2.不急于和对方交流。

3.通过口头或便条的方式,确认对方会面的请求并保证自己会准时参加。

4.修习观呼吸,皈依心中的岛屿并了解到:

· 我心中有不善与愤怒的种子以及习气,并给对方造成了不快。

· 我错误地以为让别人痛苦可以缓解自我的痛苦。

· 让对方痛苦,自己也感到痛苦。

5.一旦意识到自己的不善巧和缺乏正念，马上向对方道歉，不要自我辩护，也不要拖到约会时间。

在佛陀的见证下，在僧伽的正念守护下，我们宣誓遵守并全心实践这些条款。我们祈求三宝护佑并授予我们洞见与信心。

签署人：_____

签署日期：_____

签署年份：_____

如果想要获得快乐，而不是陷入责备与争吵，我们，我们的伴侣和家人可以签署这份和平约章。根据约章第四条规定，我们最多有二十四个小时的时间来平复自己的情绪。在这之后一定要告知对方自己的愤怒。我们没有权利容许自己的愤怒情绪持续超过二十四个小时。如果这样做，这种心理状态就会变成毒物，也许会摧毁我们和我们所爱的人。如果已经谙熟修习，五或十分钟后我们或许就能平静地告知对方，但上限是二十四个小时。我们跟对方说："我亲爱的朋友，今天早上你说的话让我非常愤怒。我感到非常痛苦并希望你知道。"

根据约章第五条规定，我们以这句话结束谈话："我希望周五晚我们俩可以找个机会深入地去看这件事情。"然后就此立个约定。周五晚是平息心火的极好时间，不管心火是大是小，这样我们就可以好好享受整个周末了。

如果觉得自己还在气头上，不适合跟伴侣说这些话，如果觉得自己还不能平和地开始对话，而二十四个小时的期限即将来临之时，我们可以使用"和平便条"（见下页）。

和平便条

日期：

时间：

亲爱的＿＿＿＿＿＿＿＿：

今天早上（下午），你说的话（做的事情）让我非常愤怒。我十分痛苦。我希望你知道我的感受。你说的话（做的事）是：

我们俩在本周五晚冷静并坦诚地一起谈一下这件事吧。

此致，现在很不开心的 ＿＿＿＿＿＿＿＿

附：《爱欲网经》翻译注解

越南语《爱欲网经》翻译自汉文《法句经》，由一行禅师翻译，并通过其他众多同修翻译为英语版本。

本书采用的《爱欲网经》选粹于汉文《法句经》。汉文《法句经》是《大正新修大藏经》第二百一十部，全经共三十九品七百五十二偈。同时，读者还可参照汉文《法集要颂经》（修正版《大藏经》第二百一十三部）的《爱欲品》和巴利文《法句经》。汉文《法句经》的翻译年代是公元三世纪，《法集要颂经》的年代是公元十世纪，两者相距约为七百年。

图书在版编目（CIP）数据

幸福来自绝对的信任 /（法）一行禅师著 ; 向兆明

译 . -- 郑州 : 河南文艺出版社 , 2015.4（2025.10 重印）

ISBN 978-7-5559-0154-9

Ⅰ . ①幸… Ⅱ . ①一… ②向… Ⅲ . ①情感 – 通俗读

物 Ⅳ . ① B842.6-49

中国版本图书馆 CIP 数据核字 (2015) 第 007932 号

中文版权 © 2015 读客文化股份有限公司
经授权，读客文化股份有限公司拥有本书的中文（简体）版权
中文简体字版由Unified Buddhist Church,Inc.授权独家出版发行

著　　者　一行禅师
译　　者　向兆明
责任编辑　谭玉先
特约编辑　周　墨　潘　炜　孙　青
美术编辑　王井起
策　　划　读客文化
版　　权　读客文化
封面设计　读客文化　021-33608320
出版发行　河南文艺出版社
印　　刷　三河市中晟雅豪印务有限公司
开　　本　889mm x1270mm 1/32
印　　张　5.25
字　　数　71.8 千
版　　次　2015 年 4 月第 1 版　2025 年 10 月第 22 次印刷
定　　价　32.00 元

如有印刷、装订质量问题，请致电 010-87681002（免费更换，邮寄到付）
版权所有，侵权必究